# 低渗致密气藏储渗单元描述与开发评价

王国亭　程立华　尹艳树　刘志军　著

中国石化出版社

·北京·

**图书在版编目(CIP)数据**

低渗致密气藏储渗单元描述与开发评价 / 王国亭等
著. — 北京 : 中国石化出版社, 2024.10. — ISBN
978-7-5114-7733-0

Ⅰ. P618.130.8

中国国家版本馆 CIP 数据核字第 2024LA4657 号

**中国石化出版社出版发行**

地址:北京市东城区安定门外大街 58 号
邮编:100011    电话:(010)57512500
发行部电话:(010)57512575
http://www.sinopec-press.com
E-mail:press@sinopec.com
北京捷迅佳彩印刷有限公司印刷
全国各地新华书店经销

\*

787 毫米×1092 毫米 16 开本 10.25 印张 265 千字
2024 年 10 月第 1 版    2024 年 10 月第 1 次印刷
定价:72.00 元

# 前　　言

　　低渗-低丰度气藏是我国复杂气藏的主要类型之一，在鄂尔多斯盆地、塔里木盆地和吐哈盆地等均有分布，目前鄂尔多斯盆地累计提交探明储量 1.29 万亿吨，已建成 140 亿立方米产能规模。该类气藏稳产面临两大问题：一是气田自然稳产难度大，初期达到高递减率，产能缺口无法弥补，并持续增大；二是接替层系储量品质变差，多层系非均质性强，地面条件复杂，有效动用难度大。因此，迫切需要针对该类气藏特点开展稳产技术攻关，明确挖潜措施可行性和稳产潜力，制定经济有效的稳产技术对策，延长气田稳产期，降低气田递减率，提高气田最终采收率。

　　本书围绕低渗致密气藏储层特点与开发技术展开论述。在对国内外致密砂岩气藏特点、分布特征以及开发技术调研基础上，系统介绍了气藏描述方法、储渗单元划分方法、储渗单元地质建模技术、气藏动态评价技术、气藏增压开采优化技术以及井网优化技术，为低渗致密气藏开发提供了技术指导。

　　全书共分为 7 章。第 1、2 章由王国亭、程立华执笔，第 3、4 章由尹艳树、谢鹏飞、程立华执笔，第 5、6、7 章由刘志军、王国亭、程立华执笔。全书由王国亭统稿。

　　本书是油气国家重大专项（2016ZX05015-001）和国家自然科学基金项目（NO.41872138）重要成果。在技术的实施过程中，得到了多家石油公司和企业的大力支持，在此一并表示感谢。

　　限于经验与水平，书中如有不当之处，望读者不吝指正！

# 目　　录

# 第1章 概　　述

## 1.1　低渗致密砂岩气藏的界定

严格意义上说，低渗透砂岩和致密砂岩在物性上有明确的界限，但是在开发实践中，由于我国低渗透砂岩和致密砂岩储层主要形成于陆相河流-三角洲体系，储层薄、连续性差，且具有多层系发育的特点，因此，低渗透砂岩和致密砂岩储层大多共存，同时二者的开发技术具有很多相同之处，故我国天然气开发业内一直有低渗致密砂岩气藏的习惯提法。

低渗致密砂岩气藏界定的依据主要是储层的渗透率，特别是致密砂岩的界定，最早由美国给出明确的界限，并逐渐得到推广。1978年美国天然气政策法案规定，只有砂岩储层对天然气的渗透率等于或小于$0.1 \times 10^{-3} \mu m^2$时才可以被定义为致密砂岩气藏。美国联邦能源管理委员会（FERC）把致密砂岩气藏定义为地层渗透率小于$0.1 \times 10^{-3} \mu m^2$的砂岩储层。在实际生产和研究中，国外一般将孔隙度低（一般10%以内）、含水饱和度高（大于40%）、渗透率低（小于$0.1 \times 10^{-3} \mu m^2$）的含气砂层作为致密砂岩气层。现在这个定义已成为通用的标准。

我国石油天然气行业标准《气藏分类》（SY/T 6168—2009）规定，气藏储层有效渗透率大于$50 \times 10^{-3} \mu m^2$的为高渗储层，有效渗透率为$(10 \sim 50) \times 10^{-3} \mu m^2$的属中渗储层，有效渗透率为$(0.1 \sim 10) \times 10^{-3} \mu m^2$的属低渗储层，有效渗透率小于或等于$0.1 \times 10^{-3} \mu m^2$的为致密储层，与国外标准是统一的。石油天然气行业标准《致密砂岩气地质评价方法》（SY/T 6832—2011）规定，覆压基质渗透率≤$0.1 \times 10^{-3} \mu m^2$的砂岩气层为致密砂岩气层，其特点是单井一般无自然产能或自然产能低于工业气流下限，但在一定经济条件和技术措施下可以获得工业天然气产量。通常情况下，这些措施包括压裂、水平井、多分支井等。

综合对比来看，国外多采用地层条件下的渗透率评价致密储集层，通过试井或实验室覆压渗透率测试求取地层条件下的渗透率值。中国一般采用常压条件下实验室测得的空气渗透率评价储集层，测试围压条件一般为$1 \sim 2MPa$。考虑到致密储集层的滑脱效应和应力敏感效应的影响，对于不同孔隙结构的致密砂岩，地层条件下渗透率$0.1 \times 10^{-3} \mu m^2$大体对应于常压空气渗透率$(0.5 \sim 1.0) \times 10^{-3} \mu m^2$。与渗透率不同，从常压条件下恢复到地层压力下，致密砂岩的孔隙度变化不大。地层条件下渗透率为$0.1 \times 10^{-3} \mu m^2$的致密砂岩对应的孔隙度一般在$7\% \sim 12\%$。

依据目前国内低渗致密砂岩气藏地质、生产动态特征及技术经济条件，将在覆压条件下含气砂岩渗透率小于$0.1 \times 10^{-3} \mu m^2$的气藏称为致密砂岩气藏。在覆压条件下，含气砂岩渗透率为$(0.1 \sim 10) \times 10^{-3} \mu m^2$的气藏称为低渗透砂岩气藏。尽管在储层渗透率大小上可以给出低渗透和致密气藏的明确界限，但在实际应用中，致密储层和低渗透储层常常共同发育，或交互成层，或以过渡方式相接，不好给出明确的气藏边界，同时对于低渗透和致密砂岩气藏许多开发技术是通用的，因此在分析气藏特征、开发规律和开发技术对策时，也统称为低渗致密砂岩气藏。当然，对于气层集中、物性区分明显的气藏，还是要明确低渗透和致密砂岩的气藏类型。

实际应用中，低渗致密砂岩气藏的渗透率低，划分气藏类型时，应注意以下三点：一是覆压矫正后的岩心渗透率小于 $0.1×10^{-3}\mu m^2$ 的样品超过 50%；二是大面积低渗透条件下存在一定比例的相对高渗透样品；三是裂缝可以改善储层渗流条件，但评价时不含裂缝渗透率。我国鄂尔多斯盆地苏里格气田和四川盆地须家河组气藏的砂岩储层常压条件下孔隙度为 3%~12%、渗透率为 $(0.001~1.000)×10^{-3}\mu m^2$，覆压条件下渗透率小于 $0.1×10^{-3}\mu m^2$ 的样品比例占 80% 以上，两者以致密砂岩储层为主，局部区块属于低渗透砂岩储层。鄂尔多斯盆地榆林气田主要目的层山$_2$段储层孔隙度一般为 2%~12%，平均孔隙度为 6.2%，分布频率主要集中在 4%~10%，可占 82.8%；渗透率一般为 $(0.01~10)×10^{-3}\mu m^2$，平均为 $4.521×10^{-3}\mu m^2$，渗透率分布表现出双峰态特征，表明在低孔、低渗(渗透率小于 $1×10^{-3}\mu m^2$ 的样品占 54.5%)的背景下存在相对高孔高渗的储层，孔隙度大于 8% 的样品分布频率可占 16.6%，渗透率大于 $1×10^{-3}\mu m^2$ 的样品分布频率占 45.6%。

低渗致密砂岩气藏的开发极大地推动了世界天然气工业的发展，也助推我国天然气产量呈爆发式增长。2010 年到 2020 年 10 年间，我国天然气产量由 $948×10^8 m^3$ 增长到 $1800×10^8 m^3$，增加了近 1 倍。同时，天然气消费量增长幅度更大，由 $1075×10^8 m^3$ 增长到 $3200×10^8 m^3$，增加了 2 倍。我国天然气消费量的增速远远超过我国天然气产量的增速，导致国内天然气对外依存度不断提高，达到 42%，迫使国内不断加大天然气勘探开发力度。

常规气藏得到开发之后，人们必然将目标转向低渗致密气藏，以尽可能地弥补后备资源的欠缺。有关资料表明，2016 年在世界范围内勘探的 400 多个盆地中，已发现的常规天然气资源量为 $322×10^{12} m^3$，非常规天然气资源量为 $922×10^{12} m^3$。显然，大量的天然气是以非常规天然气的形式存在于自然界的。在 20 世纪 70~80 年代，低渗致密气藏被认为只能开采其中的"甜点"，而大面积的储层没有开采价值。近年来石油勘探和开发的新方法、新技术迅速发展，不断地成熟和改善，低渗致密气藏的全面开发成为现实。如地震勘探开发的新技术为研究沉积模式和建立地质模型提供了方便，大型压裂提高了单井产量，空气钻井提高了钻速，排水采气解决了含水高而提前关井的问题，多级增压降低了废弃压力等技术的应用，使低渗致密气藏的经济开发变为现实。

## 1.2 低渗致密砂岩气藏发育特点

低渗致密砂岩气藏既具有一般气藏的共性(圈闭类型、孔渗、储集层条件、盖层、范围)，也具有诸如储集层渗透率低、储量丰度低等若干特性。从目前的勘探开发实践来看，这种气藏具有三个特点：一是气藏分布具有隐蔽性，一般的勘探方法难以发现；二是客观认识这类气藏的周期较长，在短期内难以认识气藏特性并做出客观评价；三是气藏必须经过一定的改造，才能具有一定的产能，即使发现、认定为具有工业价值的储量，不采取特殊方法也难以采出，其产能发挥程度是否能进行工业性开采，取决于当前的开发工艺和技术水平。低渗致密砂岩气藏在不同的沉积环境中广泛发育，目前，国外开发的低渗致密气储层以沙坝-滨海平原和三角洲沉积体系为主，河流相沉积较少，储层分布相对稳定，累计有效厚度较大，但优质储层连续性和连通性较差，多以透镜状分布。国内开发的低渗致密砂岩气藏以辫状河沉积体系为主，有效储层多呈透镜状发育，连续性和连通性更差。国内低渗致密砂岩气藏总体地质特征：圈闭类型多样，储层大规模分布，储量规模大，饱和度差异度大，油气水易共存，无自然产量或产量极低，需改造，单井稳产时间短。

## 1.2.1 圈闭特征

圈闭类型具有多样性，既有构造圈闭，也有岩性圈闭，以及构造-岩性复合圈闭。圈闭类型主要与其所处盆地的构造位置有关，盆地斜坡区等低缓构造区带主要为岩性圈闭或构造-岩性复合圈闭，高陡构造带多形成构造圈闭。构造圈闭气藏如迪那、大北、八角场、邛西等，岩性圈闭气藏如苏里格、榆林、子洲、昌德等，构造-岩性复合圈闭气藏如广安、合川、白马庙、长岭等。

从圈闭性质而言，构造圈闭气藏富集程度和储量丰度较高，资源品质较好，分布范围较为有限，具有明确的气藏边界，一般存在边水或底水。岩性圈闭气藏富集程度和储量丰度一般较低，资源品质较差，分布范围广，整体储量规模大。

## 1.2.2 地层压力

受气藏地质条件和成藏演化过程的影响，原始地层压力低压、常压、高压均有分布，少量区块还形成超高压气藏。由于气体的强压缩性，高压气藏所蕴含的天然气更加丰富。

低压气藏。以苏里格气田为代表的大面积、低丰度低渗致密砂岩气田，埋藏深度为3300~3500m，平均地层压力系数为0.87，气藏主体不含水。

常压气藏。以川中须家河组气藏为代表的多层状致密砂岩气藏，天然气充注程度弱，构造平缓区表现为大面积气水过渡带的气水同层特征，埋藏深度为2000~3500m，构造高部位含气饱和度为55%~60%，平缓区含气饱和度一般在40%~50%，压力系数为1.1~1.5。以长岭气田登娄库组气藏为代表的多层状致密砂层气藏储层横向分布稳定，天然气充注程度较高，含气饱和度为55%~60%，埋藏深度为3200~3500m，地层平均压力系数为1.15。

高压气藏。以库车坳陷迪北气田为代表的块状致密砂岩气藏，埋藏深度为4000~7000m，压力系数为1.2~1.8。

## 1.2.3 储层类型

低渗致密砂岩气藏的储集空间主要有孔隙型和裂缝-孔隙型两大类。其中，孔隙型储层多处于盆地的构造平缓区，断层和裂缝不发育，孔隙类型多为原生残余孔隙与次生孔隙混合型，目前发现的低渗致密砂岩气藏多为孔隙型储层。裂缝-孔隙型储层多位于构造发育区，地层所受构造应力强，变形明显，断层和裂缝较发育，虽然储层基质渗透率低，但裂缝改善了储层的渗流能力，严格意义上讲，部分该类气藏不需要储层改造措施即可获得工业产量，可以不划分在低渗致密砂岩气藏范畴，与常规构造气藏相近。

受沉积和成岩作用影响，低渗致密砂岩储层可以是厚层块状，也可以是多层叠置，还可以是透镜状，因此，根据国内低渗致密砂岩气藏地质特点，按照气藏储集体形态，可以将其划分为块状、层状和透镜状三种类型。

### 1) 块状型

该类气藏储层在整体低渗的背景下，裂缝较为发育，主要发育于背斜、断背斜、断块型圈闭中，储量丰度较高，气井产能较高。储量规模主要受气层厚度和圈闭面积控制，可形成上百亿立方米至上千亿立方米的储量规模，是低渗致密砂岩气藏中储量品质最好的气藏类型。国内已发现的这类气藏主要分布在前陆盆地冲断带，如塔里木盆地库车前陆冲断带和四川盆地川西前陆冲断带，代表型气田有迪那、大北、邛西、平落坝、九龙山等。受推覆构造的影响，地层变形强烈，形成构造幅度大的正向构造，低渗储层发育与断层相关的裂缝。但由于强烈的构造应力挤压作用，储层基质的孔隙度和渗透率都大幅下降，往往基质孔隙度小于5%，渗透率小于$0.01×10^{-3}\mu m^2$，形成裂缝-孔隙型储层，甚至孔隙-裂缝型储层。由于裂缝对储层渗透性的改善，加之构造幅度大，形成了很好的气水分异，气柱高度大，天然气富集程度和储量丰度较高。该类气藏一般具有边水或底水。

该类气藏气井产能主要受裂缝发育程度控制，裂缝发育带上气井产量可达$10×10^4 m^3/d$，而且稳产能力较强(图1-1)。

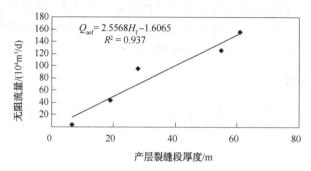

图1-1  邛西气藏产层段裂缝发育厚度与无阻流量关系

井间连通性较好，单井控制储量和累计产量较高，可采用稀井高产的开发模式。采气速度不宜过快，否则会引起边底水的快速锥进，导致气井过早见水，降低气藏采收率，特别是储层中有大量裂缝的情况下，采气速度过高会导致气井的暴性水淹，因此，稳气控水式开发是主要对策之一。

裂缝发育程度较高的区块一般不需要储层改造，或经过酸洗后即可投入生产，如邛西(图1-2)、中坝气田等；在裂缝发育程度相对较弱的区块，则需要采取储层压裂措施来提高气井产量，如迪那、吐孜洛克、大北气田等。受具体成藏条件的控制，该类气藏中的部分气藏为高压或异常高压气藏，这进一步提升了该类储量的品质。

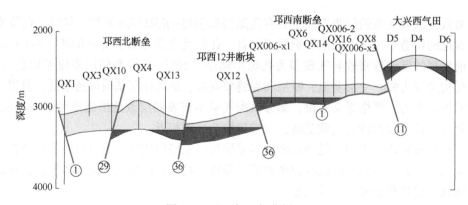

图1-2  邛西气田气藏剖面

**2) 层状型**

该类气藏的储层为水动力条件较稳定的河流相沉积或三角洲相沉积，储层粒度和物性分布较为均质，岩石成熟度高，多为石英砂岩，以原生孔隙为主。由于石英脆性颗粒在强压实作用下产生了部分微裂缝，具有相对低孔高渗的特征，孔隙度一般在4%~6%，绝对渗透率可达$1\times10^{-3}\mu m^2$。

储层为层状分布，具有较好的连续性，且主力层段集中，易于实施长水平段水平井来获得较高的单井控制储量和单井产量。以鄂尔多斯盆地榆林气田(图1-3)和子洲气田为典型代表。榆林气田单井动态储量可达$(3\sim5)\times10^8 m^3$，水平井初期产量可达$100\times10^4 m^3/d$。由于渗透率相对较好，一般不需压裂而通过酸洗即可获得较高的单井产能。层状气藏采气速度一般为2.5%左右，开发条件有利的气藏有时可达3%，有一定的稳产期，气藏最终采收率可达50%。

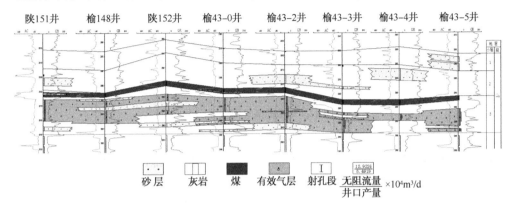

图1-3　榆林气田气藏剖面

**3) 透镜状型**

该类气藏沉积相主要为河流相砂岩沉积，由于河流沉积水动力变化较大，使这类储层形成了明显的粗细沉积分异，主河道心滩沉积了粗粒砂岩，其他部位沉积中粒、细粒砂岩。经过强烈的成岩作用，粗粒砂岩形成了孔隙度5%以上的相对优质含气砂体，成为主力产层相带；中粒、细粒砂岩形成了孔隙度5%以下的致密层，对气井产能贡献有限。这种沉积和成岩特征决定了有效砂体规模小，分布分散。单个有效砂体一般在几十米到几百米范围内，横向连续性和连通性差。但在空间范围内数量巨大的有效砂体具有多层、广泛分布的特征，所有有效砂体平面叠置后，含气面积可达95%。由于非均质性强烈，储量丰度低，受井网密度与经济条件制约，储量动用程度一般较低，采气速度一般低于1%，采收率一般只有30%~40%。

苏里格气田为其典型代表(图1-4)。苏里格气田分布在鄂尔多斯盆地构造平缓的伊陕斜坡区，面积达数万平方千米，储量规模数万亿立方米。气藏范围内断层和裂缝不发育，以孔隙型储层为主，孔隙度为5%~12%，绝对渗透率为$(0.01\sim1)\times10^{-3}\mu m^2$，含气性主要受岩性和物性控制，具有岩性圈闭的特征。气藏基本不含水，为干气气藏。由于特定的成藏演化过程，形成了原始低压地层压力系统，平均压力系数0.87MPa/100m。透镜状储层分布高度分散，纵向发育盒$_{8上}$、盒$_{8下}$和山$_1$三个主力砂组，有效砂体以单层孤立发育为主，多层系叠合形成大面积连续分布的气藏。

## 1.2.4　气水关系

受构造条件、储层条件和烃源条件多重因素控制，不同气藏具有不同的气水分布特征。

构造型气藏气水关系较为简单，如我国的迪那、邛西、大北气田具有明显的气水界面，地层水以边底水形式存在。

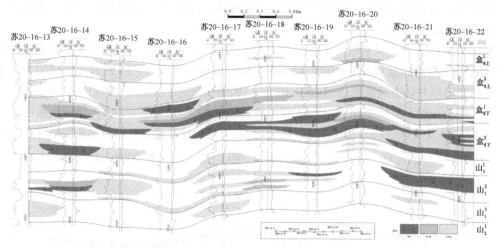

图 1-4 苏里格气田气藏剖面

岩性气藏地层水分布较为复杂。苏里格气田由于天然气充注程度较高，除苏里格西区局部区块有残存的可动地层水之外，气田大部分储层中的地层水都以束缚水形式存在，气井基本不产地层水。四川盆地川中地区须家河组气藏天然气充注程度较低，构造平缓，低渗储层毛细管阻力较大，天然气在储层中发生二次运移调整聚集的能力较弱，导致气水分异差，大部分地区的气水分布类似于常规气藏的气水过渡带性质，仅有局部构造位置或裂缝发育带形成较好的气水分异。

### 1.2.5 气体相态

干气气藏、湿气气藏、凝析气气藏在我国均有分布，以干气气藏为主。鄂尔多斯盆地主要分布干气气藏，四川盆地干气气藏、湿气气藏均有分布，塔里木盆地主要分布凝析气气藏(表1-1)。

表 1-1 我国低渗致密砂岩气藏气体相态特征统计

| 气藏类型 | 储量大于 $100 \times 10^8 m^3$ 低渗致密砂岩气藏 | | |
|---|---|---|---|
| | 数量 | 气田名称 | |
| 干气气藏 | 13 | 昌德、长深、召探1-陕13、陕251、米脂、苏里格、乌审旗、榆林、子洲、白马庙、充西、邛西、平落坝 | |
| 凝析气气藏 | 6 | 霍尔果斯、莫索湾、迪那、吐孜洛克、八角场、中坝 | |
| 湿气气藏 | 6 | 大北、广安、荷包场、安岳 | |

低渗致密砂岩气藏储量规模与储量丰度成反比，构造气藏具有小而优的特征，岩性气藏具有大而贫的特征(图1-5)，主要受储层厚度、构造幅度等因素影响；前陆冲断带高陡背斜部位的低渗致密砂岩气藏一般气柱高度大，富集程度较高，储量丰度一般在$(3 \sim 5) \times 10^8 m^3/km^2$，盆地构造低缓的斜坡区储量丰度较低，一般在$1 \times 10^8 m^3/km^2$左右。

## 1.3 低渗致密砂岩气藏的分布特征

全球已发现或推测发育低渗致密砂岩气的盆地有70多个，主要分布在北美、欧洲和亚太地区。全球已开发的大型低渗致密砂岩气藏主要集中在美国西部和加拿大西部，即落基山及其周围地区。美国落基山地区西侧以逆掩断层带开始，向北与加拿大阿尔伯达盆地西侧逆掩断层带对应，向东、向南依次散布着数十个盆地，蕴含着丰富的低渗致密气资源。中国低渗致密砂岩气藏在多个盆地都有分布，包括鄂尔多斯盆地、四川盆地、松辽盆地、吐哈盆地等，其中鄂尔多斯盆地资源潜力最大，气藏地质条件相对简单，已实现规模开发。

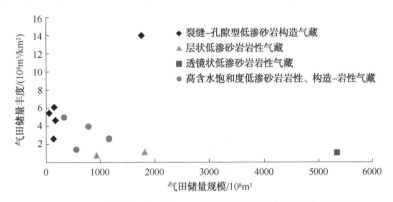

图 1-5　我国低渗致密砂岩天然气藏储量规模与储量丰度关系

### 1.3.1　美国典型含致密气盆地

美国本土现有含气盆地 113 个，其中含有致密砂岩气藏的盆地 23 个，主要的含致密气区域包括东得克萨斯州棉花谷盆地，新墨西哥州圣胡安盆地(the Mesaverde in New Mexico's San Juan)，西得克萨斯州二叠纪盆地的峡谷砂岩(the Canyon Sands in the Permian Basin of West Texas)，犹他州尤因塔盆地(the Wasatch in Utah's Uinta Basin)，南得克萨斯州盆地(the Wilcox/Lobo in South Texas)，以及怀俄明州的绿河盆地(the Lance, Dakota and Frontier formations in Wyoming's Green River Basin)。

美国 2010 年剩余探明可采储量超过 $5 \times 10^{12} m^3$，剩余探明可采储量大约一半的致密气探明资源来源于落基山地区，2010 年该地区致密砂岩气产量达 $1754 \times 10^8 m^3$，约占美国天然气总产量的 26%，在天然气产量构成中占有重要地位。致密砂岩储层以白垩系和第三系的砂岩、粉砂岩为主。以下是美国几个典型低渗致密砂岩气田简介。

(1) 圣胡安盆地。发现于 1927 年，圣胡安盆地 3 个边界为逆冲断层，盆地主体部位为向东北倾斜的单斜。盆地白垩纪经历了两次海侵和海退，形成 Dakota、Mesaverde、Pictured Cliffs 三套砂岩储层，顶部形成 Fruitland Coal 煤系地层。四套产层均广泛分布，单井钻遇气层厚度为 40~100m，各层系单井最终可采储量较少，一般为 $(0.2 \sim 0.5) \times 10^8 m^3$。砂岩储层中普遍存在天然裂缝，是低渗致密气藏得以有效开发的重要地质条件。储层基质的有效渗透率基本上小于 $0.1 \times 10^{-3} \mu m^2$；单井最终可采储量少，大部分小于 $0.5 \times 10^8 m^3$。单井产量递减快，长期低产是气井生产的主要特征。拥有大量的生产井才能使气田产量达到一定规模；不断地钻开发井，是保持气田稳产的基础；逐步加密井网，是提高气藏采收率的主要手段。

(2) 奥卓拉气田。位于得克萨斯州西部，有三套产层：二叠系狼营统 Canyon 砂岩层天然气储量为 $55.2 \times 10^8 m^3$；宾夕法尼亚系 Strawn 灰岩层天然气储量为 $7.8 \times 10^8 m^3$；奥陶系下统 Ellenburger 白云岩层天然气储量为 $34.8 \times 10^8 m^3$。Canyon 砂岩是主要的产气层段，属岩性-构造圈闭气藏，沉积类型为三角洲相。储层渗透率为 $0.27 \times 10^{-3} \mu m^2$，孔隙度为 9%~15%，平均为 11.2%，储层埋深为 1900~2100m，气层厚度为 6.1~30.5m，原始地层压力为

18.19MPa。均匀布井，开发过程中井网逐渐加密；20 世纪 60 年代开发初期，单井控制面积为 1.3km²，后通过两次加密，单井控制面积达到 0.65km² 和 0.32km²；1995 年主力区单井控制面积加密到 0.16km²；1996~1997 年计划打加密井 400~600 口，1999 年已钻开发井超过 1500 口，气田大约 52% 的井单井控制面积小于 0.16km²，23% 的井单井控制面积在 0.16~0.32km²。

（3）棉花谷气田。位于得克萨斯州东北部，地质储量为 $3074.2 \times 10^8 m^3$，沉积年代是晚侏罗–早白垩，砂岩产层厚度为 300~427m，渗透率为 $(0.015 \sim 0.043) \times 10^{-3} \mu m^2$。

（4）瓦腾伯格气田。位于美国丹佛盆地轴部，气藏主要为下白垩统（J）砂岩，储层为朝北西方向推进的三角洲前缘的海退滨线砂体；岩性以细砂岩和粉砂岩为主；孔隙度为 8%~12%，渗透率为 $(0.0003 \sim 0.01) \times 10^{-3} \mu m^2$；天然气的富集主要受岩性控制；气井自然产能为 $(0.2 \sim 0.3) \times 10^4 m^3/d$，需要压裂改造才能投产。

### 1.3.2　加拿大典型含致密气盆地

加拿大在北美洲天然气市场占有重要地位。据 2009 年的 World Energy Outlook 统计，加拿大 2009 年致密砂岩气产量为 $500 \times 10^8 m^3$。目前，天然气产量占北美洲地区的 1/4，天然气主要来自西部的阿尔伯达地区。阿尔伯达盆地位于落基山东侧，内部构造简单，为一巨大的西倾单斜构造，地层厚度由西向东呈楔形急剧减薄，中生界厚度达 4600m。致密气藏主要分布于盆地西部最深坳陷的深盆区，发现了 20 多个产气层段，含气面积为 62160km²。另外，在加拿大的其他几个盆地中也发现了致密气藏，包括 New Brunswick（纽宾士域）、Quebec（魁北克）、Southern Ontario（安大略湖）以及 the Northwest Territories（西北地区）等。

### 1.3.3　中国低渗致密砂岩气藏的主要类型和分布

中国发现的低渗致密气资源在多种类型盆地和盆地的不同构造位置均有分布，但更具规模意义的大型致密砂岩气主要分布在坳陷盆地的斜坡区。根据中国陆相坳陷盆地的地质条件，致密砂岩气的发育有以下基本特征：大型河流沉积体系形成了广泛分布的砂岩沉积，整体深埋后在煤系成岩环境下形成了致密砂岩，储集层与烃源岩大面积直接接触为致密气提供了良好的充注条件，平缓的构造背景和裂缝不发育有利于致密气的广泛分布和保存。

我国沉积盆地类型的多样性为低渗致密砂岩气藏的分布提供了广阔的地质条件，随着勘探和开发的不断深入，将发现更多的低渗致密砂岩气藏。我国已发现的主要低渗致密砂岩天然气藏类型与分布见表 1-2。

表 1-2　我国已发现的主要低渗致密砂岩天然气藏类型与分布

| 盆地名称 | 构造类型 | 地质层位 | 圈闭类型 | 储集空间 | 地层压力 | 孔隙度/%<br>渗透率/$10^{-3} \mu m^2$ | 气体性质 | 埋藏深度/m | 典型气田 |
|---|---|---|---|---|---|---|---|---|---|
| 鄂尔多斯 | 伊陕斜坡 | C、P | 透镜体多层叠置 | 孔隙型 | 常压-低压 | 4~12<br>0.01~1 | 干气 | 2500~4000 | 苏里格、榆林、乌审旗、神木 |
| 四川 | 川中斜坡 | $T_{3x}$ | 多层状 | 孔隙型、局部裂缝-孔隙型 | 常压-高压 | 4~12<br>0.001~2 | 湿气、凝析气 | 2000~3500 | 广安、合川、八角场、西充 |
| | 川西前陆 | J、$T_{3x}$ | 多层状 | 以裂缝-孔隙型为主 | 常压 | 3~6<br><0.01 基质 | 干气 | | 邛西、平落坝 |

| 盆地名称 | 构造类型 | 地质层位 | 圈闭类型 | 储集空间 | 地层压力 | 孔隙度/%<br>渗透率/$10^{-3}\mu m^2$ | 气体性质 | 埋藏深度/m | 典型气田 |
|---|---|---|---|---|---|---|---|---|---|
| 塔里木 | 库车坳陷 | E、K | 块状 | 裂缝-孔隙型 | 常压-高压 | 4~9<br><0.5 | 湿气、凝析气 | 4000~7000 | 迪北、大北、吐孜洛克 |
| 松辽 | | $K_{1d}$ | 多层状 | 孔隙型 | 常压 | 4~6<br>0.01~0.1 | 干气 | 3200~3500 | 长岭、徐深 |
| 渤海湾 | | E | 块状 | | | | 凝析气 | | 白庙、文23、牛居 |
| 吐哈 | | $J_{1b}$、$J_{1s}$ | 透镜体多层状 | 裂缝-孔隙型 | 常压 | 4~8<br><0.1 | 湿气、凝析气 | 3000~4000 | 巴喀、红台 |

## 1.3.4 低渗致密砂岩气藏的储量和产量分布

**1）国外分布状况**

低渗致密砂岩气藏作为一种非常规天然气藏，其开发需要采用特殊的钻井和增产技术，目前认识到的非常规天然气主要包括低渗致密砂岩气、煤层气和页岩气，在世界上广泛分布。非常规气藏的地质储量估算通常较为复杂，原因是这类气藏储层非均质性强，含气范围不受构造约束，与常规气相差较大。全世界的非常规天然气资源总量估计超过$900 \times 10^{12} m^3$，其中美国和加拿大合计占25%，中国、印度和俄罗斯各占15%。

2007年，世界低渗致密砂岩气可采储量估算为$200 \times 10^{12} m^3$，拥有储量比较多的地区有美洲（38%）、亚太地区（25%）、俄罗斯（13%）、中东和北非地区（11%）以及非洲撒哈拉以南地区（11%）。美国能源信息署（EIA）2009年2月预测，低渗致密砂岩气技术可采储量达309.58tcf（1tcf = $283.17 \times 10^8 m^3$），占美国天然气总可采储量的17%以上。其中，50%左右来自得克萨斯州南部，30%来自落基山地区，其余主要来自二叠纪the Permian and Anadarko Basins，阿巴拉契亚盆地不足2%。

美国能源信息署2007年预测，美国非常规天然气在天然气总产量中所占比例将从2004年的40%增加到2030年的50%。1996~2006年的十年里，是美国非常规天然气开发大发展的阶段。2006年，非常规天然气产量上了一个新台阶，从14bcf/d（1bcf = $2831.7 \times 10^4 m^3$）上升到24bcf/d，占美国天然气总产量的43%，非常规气中，低渗致密砂岩气达到5.7tcf，几乎相当于煤层气、页岩气等其他几种非常规气的总和。1996~2006年，三种非常规天然气资源的产量都有所增长，其中低渗致密砂岩气增加最快，接近6bcf/d。页岩气增长比例较大，10年间增长了近3倍。煤层气也从1996年的3bcf/d增加到5bcf/d。2007年，非常规天然气占美国天然气总产量的44%，相当于非常规天然气年产量达到8tcf。

非常规天然气产量的增长，主要是新发现天然气层带的大规模开发，以及几个新层带的发现。例如，随着大规模钻加密井和扩边，Piceance盆地的Mesaverde层已经从十年前不足0.1bcf/d上升到1bcf/d。随着棉花谷气田开发规模的扩大，东得克萨斯州的低渗致密砂岩气产量从十年前的1.5bcf/d上升到3.6bcf/d。受技术进步和持续的高气价推动，1996~2000年，大约每年钻近5000口井，2005~2006年，每年非常规气钻井超过20000口，其中，低渗致密砂岩气每年钻井 13000 口，煤层气和页岩气每年钻井均为 4000 口。

**2) 国内分布状况**

中国低渗致密砂岩气分布广泛，资源潜力巨大，第四次油气资源评价表明，中国陆上主要盆地低渗致密砂岩气有利勘探面积 $32\times10^4\mathrm{km}^2$，总资源量为 $(17.0\sim23.8)\times10^{12}\mathrm{m}^3$，可采资源量为 $(8.1\sim11.3)\times10^{12}\mathrm{m}^3$，其中，鄂尔多斯盆地上古生界、四川盆地须家河组和塔里木盆地库车坳陷致密砂岩气地质资源量位列前三，分别为 $(5.88\sim8.15)\times10^{12}\mathrm{m}^3$、$(4.3\sim5.7)\times10^{12}\mathrm{m}^3$ 和 $(2.69\sim3.42)\times10^{12}\mathrm{m}^3$，三者总和占全国致密砂岩气总量的 75%（表 1-3）。

表 1-3 中国陆上主要盆地低渗致密砂岩气资源预测汇总

| 盆地 | 盆地面积/$10^4\mathrm{km}^2$ | 勘探层系 | 勘探面积/$10^4\mathrm{km}^2$ | 资源量/$10^{12}\mathrm{m}^3$ | 可采资源量/$10^{12}\mathrm{m}^3$ |
|---|---|---|---|---|---|
| 鄂尔多斯盆地 | 25 | C、P | 10 | 5.88~8.15 | 2.94~4.08 |
| 四川盆地 | 20 | $T_{3x}$ | 5 | 4.3~5.7 | 2.03~2.93 |
| 松辽盆地 | 26 | $K_1$ | 5 | 1.32~2.53 | 0.53~1.01 |
| 塔里木盆地 | 56 | J+K+S | 6 | 2.69~3.42 | 1.48~1.88 |
| 吐哈盆地 | 5.5 | J | 1 | 0.56~0.94 | 0.31~0.52 |
| 渤海湾盆地 | 22.2 | $Es_{1-3}$ | 3 | 1.48~1.89 | 0.59~0.76 |
| 准噶尔盆地 | 13.4 | J、P | 2 | 0.74~1.2 | 0.30~0.48 |
| 合计 | 188.1 | | 32 | 17.0~23.8 | 8.1~11.3 |

目前，具有现实勘探开发的盆地有两个：一是鄂尔多斯盆地，盆地面积为 $25\times10^4\mathrm{km}^2$，目的层为 C、P，有效利用面积为 $10\times10^4\mathrm{km}^2$，资源量为 $8.15\times10^{12}\mathrm{m}^3$；二是四川盆地，盆地面积为 $20\times10^4\mathrm{km}^2$，目的层为三叠系须家河组，有效利用面积为 $5\times10^4\mathrm{km}^2$，资源量为 $5.7\times10^{12}\mathrm{m}^3$。具有风险勘探开发的盆地有两个：一是松辽盆地，盆地面积为 $26\times10^4\mathrm{km}^2$，目的层为白垩系，有效利用面积为 $5\times10^4\mathrm{km}^2$，资源量为 $2.53\times10^{12}\mathrm{m}^3$；二是吐哈盆地，盆地面积为 $5.5\times10^4\mathrm{km}^2$，目的层为侏罗系，有效利用面积为 $1.0\times10^4\mathrm{km}^2$，资源量为 $0.94\times10^{12}\mathrm{m}^3$。可供勘探开发的盆地有三个：一是渤海湾盆地，盆地面积为 $22.2\times10^4\mathrm{km}^2$，目的层为第三系沙河街组，有效利用面积为 $3\times10^4\mathrm{km}^2$，资源量为 $1.89\times10^{12}\mathrm{m}^3$；二是塔里木盆地，盆地面积为 $56\times10^4\mathrm{km}^2$，目的层为侏罗系、白垩系和志留系，有效利用面积为 $6\times10^4\mathrm{km}^2$，资源量为 $3.42\times10^{12}\mathrm{m}^3$；三是准噶尔盆地，盆地面积为 $13.4\times10^4\mathrm{km}^2$，目的层为侏罗系，有效利用面积为 $2\times10^4\mathrm{km}^2$，资源量为 $1.2\times10^{12}\mathrm{m}^3$。

2010 年底，中国共发现了低渗致密砂岩大气田 15 个，探明地质储量 $28656.7\times10^8\mathrm{m}^3$（表 1-4），分别占全国探明天然气地质储量和大气田地质储量的 37.3% 和 45.8%。2010 年低渗致密砂岩气产量 $222.5\times10^8\mathrm{m}^3$，占当年全国产气量的 23.5%。可见，中国低渗致密砂岩大气田总储量和年总产量分别约占全国天然气储量和产量的 1/3 和 1/4。

表 1-4 中国低渗致密砂岩大气田基础数据（截至 2010 年）

| 盆地 | 气田 | 产层 | 地质储量/$10^8\mathrm{m}^3$ | 年产量/$10^8\mathrm{m}^3$ | 平均孔隙度/%（样品数） | 渗透率/$10^{-3}\mu\mathrm{m}^2$ 范围/平均（样品数） |
|---|---|---|---|---|---|---|
| 鄂尔多斯盆地 | 苏里格气田 | $P_{1sh}$、$P_{2x}$、$P_{1s1}$ | 11008.2 | 104.75 | 7.163(1434) | 0.001~101.099/1.284(1434) |
| | 大牛地气田 | P、C | 3926.8 | 22.36 | 6.628(4068) | 0.001~61.000/0.532(4068) |
| | 榆林气田 | $P_{1s2}$ | 1807.5 | 55.30 | 5.630(1200) | 0.003~486.000/4.744(1200) |

| 盆地 | 气田 | 产层 | 地质储量/$10^8m^3$ | 年产量/$10^8m^3$ | 平均孔隙度/%（样品数） | 渗透率/$10^{-3}\mu m^2$ 范围/平均（样品数） |
|---|---|---|---|---|---|---|
| 鄂尔多斯盆地 | 子洲气田 | $P_{2x}$、$P_{1s}$ | 1152.0 | 5.87 | 5.281（1028） | 0.004~232.884/3.498（1028） |
| | 乌审旗气田 | $P_{2xh}$、$P_{2x}$、$O_1$ | 1012.1 | 1.55 | 7.820（689） | 0.001~97.401/0.985（687） |
| | 神木气田 | $P_{2x}$、$P_{1s}$、$P_{1t}$ | 935.0 | 0 | 4.712（187） | 0.004~3.145/0.353（187） |
| | 米脂气田 | $P_{2sh}$、$P_{2x}$、$P_{1sl}$ | 358.5 | 0.19 | 6.180（1179） | 0.003~30.450/0.655（1179） |
| 四川盆地 | 合川气田 | $T_{3x}$ | 2299.4 | 7.46 | 8.45 | 0.313 |
| | 新场气田 | $J_3$、$T_{3x}$ | 2045.2 | 16.29 | 12.31（1300） | 2.560（>1300） |
| | 广安气田 | $T_{3x}$ | 1355.6 | 2.79 | 4.20 | 0.350 |
| | 安岳气田 | $T_{3x}$ | 1171.2 | 0.74 | 8.70 | 0.048 |
| | 八角场气田 | $J$、$T_{3x}$ | 351.1 | 1.54 | 7.93 | 0.580 |
| | 洛带气田 | $J_1$ | 323.8 | 2.83 | 11.8（926） | 0.732（814） |
| | 邛西气田 | $J$、$T_{3x}$ | 323.3 | 2.65 | 3.29 | 0.0636 |
| 塔里木盆地 | 大北气田 | $K$ | 587.0 | 0.22 | 2.62（5） | 0.036（5） |

2010 年以来，中国低渗致密砂岩气的储量基础不断扩大，探明+基本探明储量近 $5\times10^{12}m^3$，2020 年产量超过 $500\times10^8m^3$。基于目前的资源基础和勘探开发现状，预计在今后相当长一段时期内，国内低渗致密气藏的储量增幅不大，但是随着技术的进步和经济效益指标的降低，部分低效储量将得到动用，因此低渗致密气藏的产量将保持稳中有升的发展趋势，产量增长将主要集中在鄂尔多斯、四川和塔里木三大盆地。

## 1.4 低渗致密砂岩气藏开发技术及发展趋势

低渗致密砂岩气藏得到了一定程度的成功开发，但在其具体开发过程中，仍然面临巨大的挑战，这些挑战既有认识上的问题，也有技术方法上的问题，还有开发技术对策上的问题。不管是不断困扰人们的问题，还是人们努力追求解决的问题，归根结底，其最终追求的目标是对该类气藏制定的开发对策更加科学合理、更加经济有效。另外，低渗致密砂岩气藏的开发是一个系统工程，综合开发效益的提高，需要各个环节协同发展与进步；同时，在这些复杂的问题中，每一个环节都有一个或几个严重困扰开发技术水平提高的问题。正是基于这样的认识，本书在各章节的安排中不是追求面面俱到，而是力求对每个重点问题进行深入论述，以期在今后对类似气藏的开发起到很好的借鉴与参考作用，避免开发决策与开发技术对策上的失误。

### 1.4.1 气藏描述面临的挑战与发展趋势

气藏描述属于认识上的问题，即如何准确客观地认识气藏与储层的特征和规律，鉴于低渗致密砂岩气藏的特殊性，以及人们对该类气藏的认识程度，尚需在以下两个方面不断进行攻关与研究。

#### 1）气藏的成因及类型

气藏成因控制和影响气藏类型，气藏类型又直接控制气藏的形态、规模及范围。一般来讲，以岩性为主控因素的低渗致密砂岩气藏分布范围较大，如苏里格气田；以构造为主控因素的低渗致密砂岩气藏一般是在一定的构造圈闭内，对于具有较大闭合高度与面积的构造而言，也可以形成相当规模的气藏，如大北、迪那等气田。但在整体比较平缓的地层条件下，这类气藏的形成受到相当的限制，只有在局部的次级构造高部位可以形成气藏，不仅气藏规模受到了限制，还往往具有较高的含水饱和度，给开发带来相当难度。

**2）气藏的沉积体系与砂体类型**

对这类气藏沉积体系的研究，主要是结合以下几个方面开展工作。

（1）沉积体系内部不同沉积相带的深入研究。这一研究的基本单元是微相，对应的砂体为成因单元。不仅要研究各成因单元砂体的类型，也要研究其规模、形态、方向性与展布规律。由于总体低渗致密的沉积背景，在这种类型的储层中，砂体与有效砂体的规模有着极大的差异，有时有效砂体仅为砂体的一部分或一小部分（如苏里格有效砂体只约为砂体的1/3），如果具有这一特征，对有效砂体的沉积特征与成因类型的研究将是重中之重。

（2）需要继续加强对有效储层控制因素的研究。对于该种类型的气藏而言，在开发过程中表现出的直接差异是物性的高低，但仅根据这一参数很难做到对未钻井区的预测，所以建立不同微相单元与物性之间的关系是非常必要的，如果知道什么微相为有利的沉积相带，那么只要我们清楚了解不同沉积体系各微相的形态、特征与规律，就可使在沉积相带控制下的有利储层发育带预测成为可能。

（3）地球物理对储层与气藏预测的重要性日益凸显。由于低渗致密砂岩气藏强烈的非均质性，在气藏的不同部位差异性极大，从已开发的几个气藏来看，在气藏内部进行进一步的划分是非常必要的。地球物理预测一般分两个层次进行：一是在气藏内部进行富集区选择；二是在富集区进行井位部署。通过多年的实践与技术攻关，对苏里格型气藏的预测取得了良好的效果，但对须家河组含水气藏的预测还要深入开展工作。就该项技术而言，在储层预测方面的可靠性是值得信赖的，下一步攻关的方向是在进一步提高储层预测精度的同时，进行流体饱和度的预测，同时，做好地质与地球物理的结合，真正做到在地质模式指导下的储层预测，以期取得更加可靠的效果。

（4）测井对低渗储层的参数解释还需要进一步加强。低孔、低渗储层的参数解释一直是测井研究的重点与难点之一，在几个重要的参数中，目前来看，孔隙度的解释是最为可靠的，渗透率的解释虽然一直作为攻关重点，但仍表现出较大的随意性与不确定性。对于气藏而言，由于气体极好的流动性及气水两相的极大差异性，除渗透率仍然作为重点需要解释的参数之外，饱和度的解释，特别是可动水饱和度的解释显得尤为重要。在今后的重点攻关中，气藏描述对测井的需要主要有以下几个方面：一是建立更加有针对性的测井图版，以解释不同地质条件下的储层参数；二是更加准确地进行气、水饱和度解释，特别是可动水饱和度的解释；三是攻关致密储层的参数解释，为地质研究与气田开发提供准确可靠的参数体系。

## 1.4.2　产能评价技术与发展趋势

**1）产能试井评价技术**

对于气藏产能评价，从目前来看，产能试井是比较常用且较准确的一种方法。气藏产能试井从常规回压试井发展到等时试井、修正等时试井，在测试时间、测试费用等方面有了很大的改进和创新，但仍有一个共同的问题，就是至少有一个产量数据点的压力必须达到稳定。对于低渗致密砂岩气藏来说，稳定测试点仍是一个巨大的挑战。一点法产能试井尽管只需测试一个稳定点的产量和压力，缩短了测试时间、减少了气体放空、节约了大量费用，是一种测试效率比较高的方法，但是对资料的分析方法带有一定的经验性和统计性，其分析结果误差较大。

从试井技术本身来讲，对于非均质性较强的低渗致密砂岩气藏而言，多"边界反应"造成的多解性问题，不稳定二项式产能直线斜率为负的问题，以及生产时间较长或产出量较大时地层压力的取值问题等，都需要从试井技术的发展、改进以及资料的处理方法上来满足、适应低渗致密砂岩气藏产能评价的需要。

从气藏评价的现场要求来讲，产能试井方法的下一步发展应本着简单测试程序、操作方便、测试结果可靠的原则，采用不稳定试井与产能试井不稳定部分的测试数据联合评价的方法，避开低渗储层稳定测试点的尴尬问题。近年来，产能试井技术的发展非常缓慢，利用生产数据评价气井的实际生产能力已成为目前及今后攻关的一个方向。

**2）用不同开发阶段的生产数据评价产能**

对于均质无限大气藏而言，整个开发过程中，生产数据反映的气井生产规律和生产能力是一样的，与生产制度无关。但对于强非均质性低渗致密砂岩气藏而言，气井生产的不同阶段却表现出不同的生产规律和生产能力。以苏里格气田为代表的低渗致密砂岩气藏，表现出明显的多段式的生产规律，不同阶段的生产规律反映了不同储层的渗流特性及生产能力。

对于低渗致密砂岩气藏来说，初期的生产数据一般不能真实地反映气井最终的生产能力。以苏里格气田透镜状有效储层分布模式为例，如果直井钻在相对高渗层上，则初期的产量高，压力快速下降，产量也随之降低，表现出的生产能力是"高渗"的储供能力。实际上，随着相对高渗层压力的降低，当周围低渗层与高渗层的压差达到边界气体的启动压力时，低渗层开始供气，即气井的生产能力有所增加。

对该类气藏，外围相对低渗层流体启动后的生产数据，反映了该类气井最根本的生产特征。早期的采气速度较快，后来相对低渗层的动用，导致气井"细水长流"，此时评价的控制储量越来越接近气井实际的最终累计产量。井底压力开始处于低压状态，但下降速度较慢，从压降曲线上看，在低压阶段有很大的生产能力，最终动用了初期认为不可能动用的储层，直接提高了气藏的采收率。因此，依据气井该阶段的生产数据评价的气井产能，可以有效地校正前期的评价结果，更重要的是这时的评价能合理指导后期的生产制度和生产指标的制定。

低渗气井进入生产后期，受储层渗透性的降低、泄气范围内资源基础的减少以及地层水或其他施工因素的影响，气井产量和压力都很低，现场一般会采取一些措施来延缓或维持气井的产量，如关井、改变生产制度、重复压裂等，这些措施的实施会使气井的生产能力有所改善，使气井产量有所增加。但如果反复使用这些措施，气井产量会上下波动，给气井产能评价带来很大困难。常规评价方法对这一阶段的产能已经无法评价，即使有评价结果，也失去了原本产能的意义。

总的来看，不同生产阶段的产能反映了不同压力波及范围内储层的地质和渗流特征，产能评价方法和意义也是不同的，因此，低渗致密砂岩气藏的产能评价应该分不同阶段进行。而在实际生产中，利用初期生产数据评价气井产能是现场最需要的，原因是能有效地指导气井合理配产，确定合理的生产制度，以及指导或改进地面工程方案。在不进行产能试井、快速投产的情况下，怎样利用初期的生产数据来准确评价气井的生产能力呢？目前，有关专家采用的是经验统计法。针对某一个具体气藏，统计、总结探井、评价井或早期开发井的初期生产数据，评价气井生产能力与最终生产能力之间的相关关系，将这种关系应用到该气藏的其他新投产井上，从而预测出气井的最终产能。目前来看，这种经验方法能够对投产初期的气井产能进行评价，但是，在非均质性较强的低渗致密砂岩气藏中，不同气井钻遇的有效储层特征差异较大，经验方法的适用性受到质疑，况且经验方法缺少理论基础。从渗流理论和气藏工程角度解决这一问题，将是以后的研究方向。

### 3) 单井生产规律与区块生产规律

对于生产区块中的单井，其生产规律与钻遇储层条件、稳产时间、配产量、压力降落速率、增产措施等因素有关。一口单井，大致经历稳产、递减两个阶段。当配产合理时，气井都会有一定的稳产期，稳产时间的长短受钻遇储层条件、配产量等因素影响；当单井配产较高，超出钻遇储层的供给能力时，稳产时间就会很短，会很快进入递减阶段。

在国内，为了满足产量需求，单井一般是先定产生产，待压力降到一定值，不能满足定产条件时，转为定压生产。此时，产量开始递减。单井递减规律有 Arps 提出的三种经典递减规律——指数递减、双曲线递减及调和递减，以及后人在三种经典递减规律的基础上提出的修正双曲线递减、衰竭递减等。低渗气井产量递减阶段一般很长，递减规律也不是一成不变的。在递减阶段的不同时期，可能有不同的产量递减规律。总的来看，产量递减速率是逐渐减小的，单位压降产量是逐渐增加的。准确认识气井不同产量递减阶段的递减规律，对预测气井未来的产量具有重要的指导意义。

整个区块的生产规律受单井生产规律的影响，但又不同于单井。区块开发的实际经验表明，无论何种储集类型、驱动类型和开发方式，就区块开发的全过程看，产量都可以划分为上升期、稳定期、递减期。产量上升期主要受建井时间以及建井产量的影响，即开发方案中的建产期。产量稳定期中的部分单井可能处于产量递减阶段，但有新投产井（井间加密或新区块）弥补产量递减，整体保证区块的产量稳定。产量稳定期的长短主要由建产规模、钻井总数、单井产能等因素决定。产量递减期即新井投产或老井增产已无法弥补老井的产量递减，区块开始进入整体产量递减。区块产量的递减规律分析方法同样采用 Arps 的研究成果，就是用统计方法对产量变化的信息加工，虽然对这些变化的机理不清楚，但通过对生产数据的加工处理，可以在某种程度上揭示气藏中出现的一些问题本质，从而从根本上解决这些问题，预测区块的未来产量和累计采出量，更有效地指导气田合理开发。

### 4) 合理采气速度

合理采气速度应以气藏储量为基础、以气藏特征为依据、以经济效益为出发点，尽可能地满足实际需要，保证较长时期的平稳供气，并获得较高的采收率。研究方法一般首先建立气藏三维地质模型，再对气藏的实际生产历史进行拟合，定量确定气藏参数分布和气井参数，在此基础上，利用开发指标、经济指标优化采气速度。

对于无边底水的弹性均质低渗砂岩气藏，采气速度的大小完全受气藏弹性能量大小和渗流供给能力的影响。这样的气藏，在储层渗流补给能力允许的范围内，采气速度对其最终采收率影响不大，因此可适当加大采气速度。如长庆油田公司与壳牌石油公司合作开发的长北气田采气速度是 3.68%，目前地层压力和生产情况良好。

对于边底水不活跃的非均质弹性低渗致密砂岩气藏，可以作为气驱气藏开发，但由于其地质特征的复杂性，采气速度的大小会影响气藏的最终采收率。苏里格气田相对高渗的有效储层，土豆状分布在大面积的致密砂岩储层中，这种地质特征决定了即使气井钻在了相对高渗层上，单井初始产能较高，可以较高的速度开采，但其储量和能量有限，难以保持较长的稳产期，这是因为低渗区的渗流与高渗区相比存在"滞后现象"，不能及时供给，这势必引起气藏过早进入递减期，因此采气速度的大小对这类气藏的稳产期影响很大，但对气藏的最终采收率影响不大，因为气藏的最终采收率取决于废弃条件。苏里格气田考虑8~10年的稳产期，其合理的采气速度为1.3%左右。

对于边底水活跃的裂缝–孔隙型非均质性低渗致密砂岩气藏，采气速度的大小直接影响气藏的开发效果和最终采收率。四川盆地西部地区须家河组低渗致密砂岩气藏属构造控制的断层–背斜气藏，储层类型为裂缝–孔隙型，裂缝和储层的有效搭配是气井获得高产的重要条件。气藏普遍具有边水或底水，水体较活跃，水侵方式为沿裂缝水窜，气井见水后产能下降明显，因此，气藏开发过程中应严格控制采气速度（2%以下），以避免气藏过早见水，造成恶性水淹，影响总体开发效果和最终采收率。中坝气藏优化合理采气速度为1.49%，但投产后气藏很快出水，导致方案未实施，最后通过充分掌握地层水活动规律，实施了科学合理的侧向堵水、排水采气方案，最终获得了较高的开发效果和较高的采收率。平落坝气藏方案设计合理采气速度为1.36%，而实际采气速度超过了设计值，结果造成裂缝水窜，所有气井出水，气藏整体进入带水采气期，这是开发方案未预见到的。气藏稳产期提前结束，产量开始递减。邛西气藏方案设计合理采气速度为1.1%，投产后仍造成气藏早期出水。因此，对于边底水活跃的裂缝–孔隙型非均质性低渗致密砂岩气藏，严格控制采气速度，结合堵水、排水措施，是充分利用地层能量、发挥裂缝高渗优势、保持高产稳产、提高最终采收率的有效途径。

总的来看，对于无边底水或边底水不活跃的低渗致密砂岩气藏，采气速度主要由稳产期决定，其对气藏最终采收率影响不大；而对于边底水活跃的低渗致密砂岩气藏，特别是有裂缝发育的储层，采气速度的大小能有效地防止底水锥进、边水侵入，因此，以充分利用地层能量为宜。

### 1.4.3  水平井技术及发展趋势

中国天然气水平井开发技术近年来发展迅速，但与国外先进技术水平相比，还有很大的提升空间。进一步提高水平井技术的应用水平，应从三个方面加强技术攻关和试验。

（1）水平井轨迹优化设计。加强三维地震气层预测技术的应用，形成气藏三维结构数据体指导井眼轨迹优化设计；需要结合中国致密砂岩气多薄层的地质特征，突破水平井单一井型，开展阶梯、分支等多种类型的水平井攻关试验，进一步完善水平井井型与储集层展布的匹配性试验，提高储量动用程度。

（2）进一步发展水平井分段改造技术。在工具和压裂液体系技术发展的基础上，需要系统开展压裂效果检测和评价研究，改进压裂工艺，提高改造波及体积并避免含水层的影响；在有利的地应力场条件下，开展体积压裂技术攻关，最大限度地提高储集层改造效果。

（3）探索降低水平井建井成本的新途径，提升开发效益。另外，提高单井产量要与提高气藏储量整体动用程度综合考虑，进行井型井网的优化设计，在气层厚度大、丰度高的区块应继续探索直井多层改造技术的应用。

### 1.4.4  开采工艺技术方面面临的挑战与发展趋势

最近若干年，低丰度、低渗气田开发规模不断扩大，通过储层改造获得较高产能成为必然选择，因此，推动了储层改造工艺技术的快速发展。目前在压裂液体系设计与支撑剂选择、储层改造规模、裂缝控制与监测、直井分层压裂和水平井多段压裂方面都取得了突出的进展。然而，由于面对的开发对象日益复杂，对开采技术工艺提出了越来越高的要求，为该技术领域指明了重点发展方向。

**1）压裂液体系研究面临的挑战与发展趋势**

压裂液设计作为储层改造中的关键技术之一，作用极为明显，而且其追求的一贯思路也是非常明确的：首先是压裂液的性能，这当中包括要具有较长时间的稳定性，特别是高温、高压情况下性能的稳定。其次是较小的污染性或对地层的伤害性较低，这对低渗储层的改造是特别重要的。通过目前的研究证实，储层改造过程中对地层造成的伤害相当程度上是不可逆的，即部分伤害将是永久的。最后是较好的反排效果，反排效果的好坏用两个指标来衡量：一是反排时间，二是反排率，即要求在相同的施工条件下，较短时间内具有较高的反排率。除了对压裂液体系优质的性能指标追求外，对更为廉价的产品设计也是非常重要的，特别是对于储量丰度低和开发难度较大的气藏，经济指标始终是生产作业者面对的巨大问题，因此，未来压裂液体系的发展方向必然是更加优质高效的性能与低廉的价格。

对于支撑剂而言，目前国内及进口支撑剂基本能满足储层改造后对裂缝的支撑作用，但实际生产对支撑剂的要求是更大的强度、更长的有效时间和更加合理的价格，特别是伴随着国内大批低渗气田的开发，材料的国产化是必然要求，对能够适应特殊条件（如高温高压）的特种支撑剂的开发，也将是未来的主要方向之一。

**2）储层改造规模面临的挑战与发展趋势**

在均质的地质模型条件下，压裂规模越大，泄流面积越大，改造效果也就越好。低渗致密储层改造规模一定要与被改造地质体的客观面貌结合起来，才能达到最佳的经济技术效果。如苏里格气田这样有效砂体规模小、分布较为分散的气藏，目前的改造工艺尚不具备沟通不同有效砂体的能力，只能对井所钻遇到的砂体达到改造效果，最终回归到适度规模的压裂这一方式上来，并取得了良好的效果。因此，在压裂规模上，结合所改造对象进行压裂规模设计，仍将是今后发展的方向。

**3）裂缝控制与监测面临的挑战与发展趋势**

储层改造是一个地质条件与工程设计紧密结合的过程，在相同的改造规模条件下，裂缝的条数、规模和产状是几个最重要的参数，如何达到设计要求的裂缝状态，需要充分考虑施工条件、地层结构与地应力条件，只有充分认识这些因素，才能提高裂缝控制水平，提高储层改造效果。同时，裂缝监测也是目前面临的主要问题之一，特别是埋藏深度超过 3000m 的裂缝监测，难度比较大，只有通过科学的方法，在掌握已施工井裂缝延伸的情况下，才能为下一步储层改造提供更好的设计参数与技术要求，真正做到储层改造的可控。

**4）直井分层压裂与水平井多段压裂改造技术**

对于层状特征较为明显的低渗致密砂岩气藏，无论是直井分层压裂还是水平井多段压裂改造，目的都是最大限度地打开所钻遇的储层，提高储量动用程度。压裂改造技术早在 20 世纪 90 年代美国就已开始实施，2000 年以后采用连续油管逐层分压、合层排采技术，产量大幅度提升。近几年，主要形成了水力喷射分段压裂技术、裸眼封隔器分段压裂技术和快钻桥塞分段压裂技术，其中裸眼封隔器分段压裂技术得到广泛应用。经过几十年的发展，国外低渗致密气藏改造技术已基本成熟，国内在这方面的发展也紧跟国际步伐，与国外的差距不断缩小，在压裂改造能力上已实现水平井 20 段以上、直井 15 层以上。未来压裂改造技术将朝着不限改造级数、低伤害、低成本连续高效作业的方向发展。

# 第 2 章 气藏描述方法

油藏描述的概念提出在先，气藏描述是在近年来天然气开发业务的不断发展扩大中逐渐发展和独立出来的，特别是国内低渗致密气藏的规模开发，更是极大地推动了气藏描述技术的进一步发展。气藏描述与油藏描述息息相关，在对地质体的描述上，油藏和气藏差别不大，研究内容和技术手段都是通用的，但由于原油与天然气地球物理响应、流动机制和开采方式不同，因此，油藏描述与气藏描述的本质差别就体现在因孔隙流体性质不同而带来的相关描述方法技术的不同，本章重点阐述气藏描述的个性化描述内容和技术方法。

## 2.1　气藏描述的含义

### 2.1.1　气藏描述的概念

气藏描述是指发现气藏后，为正确评价和合理开发气藏，对其开发地质特征和储量分布所进行的全面精细描述的综合性技术（裴怿楠等，1996）。精细气藏描述是指气田投入开发后，随着气藏开采程度的提高和动静态资料的增加所进行的精细地质研究与剩余气描述，并不断地完善已有地质模型和量化剩余气分布所进行的研究工作。长期以来，油藏描述实际上包含油藏和气藏，将其作为统一体系发展，很少把气藏描述独立看待。自 2005 年以来，国内天然气开发业务不断深入，以四川盆地为主的天然气开发，逐渐扩大到塔里木盆地、鄂尔多斯盆地，在气藏类型上也出现了深层高压气藏、复杂碳酸盐岩气藏、低渗致密气藏和火山岩气藏等，对气藏描述内容和描述技术的需求不断增加，也不断推动了气藏描述向独立的技术体系发展。

近年来，随着气藏开发的不断深入，相当一部分气田经历了较长的开发阶段，甚至进入开发后期，逐渐积累了针对气藏的一些描述方法和技术手段，明确了在气藏开发的不同阶段气藏描述需要开展的描述内容和达到的描述目标，气藏描述的方法体系从油藏描述中分离出来。天然气开发对象日益复杂，特别是以致密气为主的非常规气藏的大规模开发，油藏描述技术在描述气藏的过程中，表现出了一定的不适应性。比如致密气的储层孔隙度、渗透率较低，含气饱和度较低，多数具有较高的束缚水饱和度，因此常规的油藏描述技术不能有效解决致密气的气水层识别和气体泄流范围描述等问题，需要构建有针对性的气藏描述技术方法。在这一开发形势下，气田开发工作者不断面对新的开发问题，寻求解决方法，在摸索实践中推进了气藏描述技术的发展。

对比油藏描述与气藏描述的异同点，大多数技术是相通的，没有本质的差别，但是在技术应用的主要内容、解决的问题及应用目标上存在不同。对于油藏描述而言，国内自 20 世纪 60 年代大庆油田投入开发以来，形成了以"小层精细对比、储层三大非均质性表征"为特色的注水开发油田的油藏描述技术，并随着井网调整、精细注水、深部调驱、化学驱、$CO_2$ 驱等开发技术的发展，大力开发以剩余油的精细表征为目标的油藏精细描述技术。而对于气藏描述而言，与油藏描述相比，地质描述参数和方法基本是一致的，气藏描述要更加突出动态描述与静态描述的结合，发展以"储渗单元规模及泄流边界描述"为核心的气藏描述技术体系。

气藏描述与油藏描述的主要差异不是地质体的差别，而是因地层流体的不同带来的地质体描述目标和流体开发方式的不同。对于油田而言，油水两项均为液体，且开发过程中可以通过注水等方式补充地层能量，而气田发育天然气和地层水气液两相，气体易于流动，开发过程中主要依靠地层能量，目前尚没有气田补充能量的开发方式。因此，气藏描述和油藏描述的主要差别体现在以下两个方面。

（1）因流体性质不同造成油藏与气藏描述的差异。

不同于油藏，气藏气体易流动，可压缩性大，同时受地层水的影响比油藏大，尤其是低渗致密气藏，产水增大会导致气井不能生产。鉴于流体性质不同，油、气藏描述的差异包括：①气体的流动性好，压力传导范围大，开采过程中通常井距较大，尤其是对于常规气藏，井距可以千米计，即便是致密气藏井网比较密，其井距也多在100m以上，而油藏开发井距可以在50m以下。井距较大，造成对井间储层预测难度更大。②气藏的气层识别方法与油藏的油层解释方法大致是相通的，但在地球物理响应特征上有一定差异。对于常规测井资料，气层除了具有高阻等普通特点外，也具有一些独特的识别特征，比如气层具有挖掘效应，而油层没有。在地震资料响应特征方面，气层特点更为突出，形成了地震频谱衰减气层识别、AVO气层识别和叠前地震反演等技术，而针对油层的地震响应特征不够明显，预测难度更大。③气层可压缩性非常强，气体物理性质随压力变化的幅度更大，气藏工程参数更复杂。④天然气与原油的流动机制存在较大差异，气体依靠压差进行流动，具有扩散特点。

（2）因开发方式不同造成油藏与气藏描述的差异。

油藏与气藏的开发方式完全不同，大部分油田依靠天然能量产出油量不大，主要靠补充能量开发，可通过抽油机抽汲、注水补充能量和注聚合物等方式开采。因此，对于油藏而言，注采系统是描述的核心，决定了储层不同尺度非均质性及其引起的三大注采矛盾是描述重点。气藏靠天然能量衰竭式开发，对气藏压降波及范围是描述的核心。气藏压降波及范围主要取决于储渗单元的规模大小、分布特征及气水流动特征，对于非常规气藏也与相应的钻井、储层改造开发工艺具有一定的关系，因此气藏描述需要结合开发工艺技术，描述气体泄流单元的规模尺度，这与油藏描述不同。

### 2.1.2 气藏描述的主要参数

鉴于气藏开发的一些特性，借鉴国内建立的油藏描述的关键内容，针对气藏描述需要解决的问题，将气藏描述内容总结为静态描述和动态描述两大部分、8个特征要素、35类主要参数（表2-1）。

表2-1 气藏描述主要参数

| 气藏特征要素 | 静态参数 | 动态参数 |
|---|---|---|
| 地层 | 不同级别的地层界线、厚度、岩性组成 | — |
| 构造 | 关键层面的构造形态、断层分布 | 断层封闭性 |
| 储层 | 岩性、储集空间、裂缝参数、物性分布、储集层几何形态与连通性、净毛比 | 应力敏感性、出砂、多重介质渗流特征 |

| 气藏特征要素 | 静态参数 | 动态参数 |
|---|---|---|
| 流体 | 流体组分性质、地层水产状 | 相渗特征、相态特征、气体物性、水侵方式及能量 |
| 边界条件 | 圈闭边界、气水界面、储渗单元地质边界 | 压降边界/流动边界 |
| 地层能量 | 地层压力、温度、边底水能量 | 压力场分布 |
| 地应力场 | 弹性模量、主应力方位 | — |
| 储量 | 储能系数/丰度、未开发探明储量 | 动态储量/EUR、储量动用程度和剩余储量分布 |

气藏特征要素构成了气藏的全部，包括地层、构造、储层、流体、边界条件、地层能量、地应力场、储量，这 8 个方面的气藏特征要素的描述在不同阶段描述的侧重点可能存在差异，但基本覆盖了气藏开发的整个过程。

地层：对地层的认识是地质研究的基础，宏观上包括地层时代、地层结构、地层分布，落实到气藏规模，重点是气层发育的不同级别的地层界线、地层厚度和地层的岩性组成，这三个要素的描述能够为气藏储层分布规律的研究奠定基础。描述结果主要体现在地层格架和岩性组合的建立。

构造：构造描述的核心参数是关键层面的构造形态、断层分布和断层的封闭性。大多数气藏均受构造发育形态的影响，即使是致密气藏其气水分布也会受到局部微构造幅度变化的影响，或者受构造裂缝分布的影响，因此构造描述的结果不仅要解决区内构造形态及幅度变化问题，还要揭示断层的分布及其对气层分布的控制作用，尤其是对复杂构造型气藏，对构造认识精度的提高是气藏开发逐渐深入的必然要求。

储层：储层描述以静态参数为主，同时也涉及几个关键的动态参数。静态参数包括岩性、储集空间、裂缝参数、物性分布、储集层几何形态与连通性、净毛比。动态参数包括应力敏感性、出砂和多重介质渗流特征。储层描述是气藏开发的基础，不同气藏储层类型多样，分布规律差异大，物性变化复杂，因此储层描述是气藏描述的核心，也是难度大、方法多、综合性强的气藏描述任务。对储层的描述所利用的资料既包括岩心、测井、地震等静态资料，也包括试井、试气等生产动态资料，涉及的学科领域十分广泛。储层描述的主要结果要给出气层富集区、气层分布的连续性、连通性，为井网井距的确定提供依据。

流体：气藏流体主要为气水两相，对于凝析气藏存在凝析油。流体描述主要为动态参数，包括相渗特征、相态特征、气体物性和水侵方式及能量；静态参数较少，为流体组分性质和地层水产状。对气藏而言，除了描述气层的分布外，对水体的描述也非常重要，如边底水气藏，水体的锥进会造成气藏水淹，导致气藏无法开采；对于层间滞留水发育的气藏，水体的分布直接影响气井的开发效果。目前对于层间滞留水发育的气藏，尚没有有效的方法预测水体的分布。流体描述的结果主要是解决气水分布规律问题。

边界条件：边界条件描述是气藏描述的一个特色。气藏开发是利用气藏压力采气，边界条件决定了气体的泄压范围，对气井的产能、整个气藏的可动储量有着直接影响。边界条件描述的静态参数主要是圈闭边界、气水界面和储渗单元地质边界，动态参数关键是压降边界/流动边界。

地层能量：地层能量描述的核心是地层压力的变化。气藏开发过程中，压力的变化直接反映了气体采出程度，因此可以说压力描述是必不可少的研究内容。地层能量描述的静态参数为地层压力、温度和边底水能量，在气藏开发早期尤为重要。地层能量描述动态参数为压力场分布，体现在气藏开发过程中压力的变化，能够指导气藏未开发储量的分布预测。

地应力场：地应力场描述是对气藏认识的一个补充，对非常规气藏更有意义，与储层改造工艺的实施密切相关，描述的参数包括弹性模量和主应力方位。

储量：储量描述具有阶段性。开发早期描述的参数重点是储能系数/丰度、未开发探明储量；开发中后期描述的参数主要是动态储量/EUR、储量动用程度和剩余储量分布。储量描述也是一项综合性的描述内容，需要利用静、动态多种参数综合论证。

### 2.1.3　气藏描述阶段划分

气藏描述阶段划分与油藏具有一定的相似性，相比油藏开发阶段更少。

油田开发的阶段性早已被人们认识，而且已形成一些通用的阶段和基本做法，大同小异。一般来说，发现一个油田后大致会经历评价阶段、方案设计阶段、实施阶段、监测阶段、调整阶段(高含水阶段)、三次采油阶段、油田废弃几个阶段。每一阶段都反映了人们对油藏认识的深化。总体来看这些阶段可归为早、中、晚三个大的开发阶段，或者可分别称为油田开发准备阶段、主体开发阶段和提高采收率阶段。从油藏描述的角度看，三大开发阶段对应的油藏描述有很大的差别，表现在所拥有资料的程度、要解决的开发问题及油藏描述的重点和精度都极不相同，所采用的油藏描述技术和方法也有很大差异。因此，目前油藏描述划分为早、中、晚三个阶段已经达成共识。

对气田而言，从生产阶段可以划分为评价阶段、方案设计阶段、实施阶段、监测阶段、调整阶段、气田废弃，比油田要少。也可以依据生产部署划分为产能建设阶段、稳产阶段和递减阶段。与油田相比，气田开发单一，开发的阶段性不是十分明显，各阶段之间的界限有时具有交叉性。借鉴油藏描述阶段划分，气藏描述也可以划分为三个阶段，即早、中、后期气藏描述。

早期气藏描述：气田发现后到开发方案编制完成前(气田投入开发前)这一阶段称为开发早期阶段，这一阶段所进行的气藏描述称为早期阶段气藏描述。该阶段的主要任务是对气藏进行开发可行性评价，进而制定总体开发方案。这时钻井资料较少，动态资料缺乏，地震资料以二维为主，部分气田可有局部密井网实验区。根据开发评价和设计要求确定评价区的探明地质储量和预测可采储量，提出规划性的开发部署，确定开发方式和井网部署，对采气工程设施提出建议，估算可能达到的生产规模，并作经济效益评价，以保证开发可行性和方案研究不犯原则性错误。气藏描述的任务是确定气藏的基本骨架(包括构造、地层、沉积等)，搞清主力储层的储集特征及三维空间展布特征，明确气藏类型和气水系统的分布，因此这个阶段的气藏描述以建立地质概念模型为重点，把握大的框架和原则，而不过多追求细节。

中期气藏描述：气田开发方案编制完成，全面投入开发后，以方案设计的产能目标稳产，即在气田进入递减期之前。这一阶段可称为气田主体开发阶段，这一阶段所进行的气藏描述可称为中期气藏描述。气田一旦投入全面开发，钻井资料和动态资料都迅速增多，并逐渐有了多种测试和监测资料等。这一阶段开发研究的任务是实施开发方案，编制完井、射孔方案，确定井网井距、进行初期配产配注、预测开发动态、优化井网井距、提高储量动用程度、弥补产量下降。为此，这一阶段的气藏描述任务包括进行小层划分和对比，进一步落实在早期气藏描述中没有确定的各种构造和储层特征，刻画气层富集规律，建立静态地质模型，开展数值模拟，预测气井生产规律。这一阶段气藏描述的重点是进一步落实气层分布规律，优选井位，为气田产能建设提供支持。

后期气藏描述：气田开发方案实施后，以方案设计的产能建设目标稳产一定阶段后，进入递减期，开始考虑气田剩余储量分布，进一步提高气田采收率，即进入气田开发后期。这一阶段对气田已经有了较深入客观的认识，开采挖潜的主要对象转向相对分散、压降没有波及局部相对富气区。在早、中期气藏描述的基础上，进一步细化，更精细、准确、定量地预测井间各种砂体的变化，揭示微小断层、微构造的分布面貌。气藏描述的重点是建立精细的三维预测模型，进而揭示剩余储量的空间分布，提高气田采收率。

### 2.1.4 不同阶段低渗致密砂岩气藏描述

低渗致密砂岩气藏属于非常规气藏，开发过程有其特殊性。常规气藏在评价认识、投入开发、后期调整等开发过程，均从气藏整体评价入手，作为一个整体考虑，相对而言阶段性明显。而低渗致密砂岩气藏，单井泄流范围小，井间连通性差，具有一井一藏的特点，对气藏的深入认识是一个不断递进的过程，气藏滚动建产、滚动评价，因此气藏开发的阶段性区分不明显，特别是开发中期和开发后期的工作有很多是重叠在一起的。综合考虑这种特性，对于低渗致密砂岩这类非常规气藏而言，气藏描述工作划分为两个阶段更符合气藏开发过程：一是评价及开发早期阶段，二是开发中后期阶段。

评价和开发早期阶段是指提交探明储量至开发方案实施前的阶段，气藏描述的资料基础为探井、评价井和开发试验井的岩心、录井、测井资料，二维及少部分三维地震资料，少量生产测试及动态资料，研究尺度为段或亚段（碳酸盐岩）、砂层组（碎屑岩）、二级或三级断层，生产需求是进行开发储量评价、进行开发方案中制定开发技术政策所需的开发地质特征的描述，技术难点为有效储层准确划分与评价、在较少资料条件下建立准确的气层分布概念模型。此阶段描述内容可概括为8个特征要素、24类主要参数，具体包括组或段地层界线、地层厚度、地层岩性组成、顶底界面构造形态、主干断层（二、三级断层）、储层储集空间、储层裂缝参数、储层物性下限、储层物性、储层厚度、净毛比、钻遇率、流体组分、地层水产状、气水界面、圈闭边界、弹性模量、主应力方位、地层压力、温度、边底水能量、储能系数/丰度、单井动态储量/EUR、未开发探明储量等（表2-2）。

表 2-2 评价和开发早期阶段气藏描述关键参数

| 特征要素 | 主要参数 |
| --- | --- |
| 地层 | 组或段地层界线、厚度、岩性组成 |
| 构造 | 顶底界面构造形态、主干断层（二、三级断层） |
| 储层 | 储集空间、裂缝参数、物性下限、物性、厚度、净毛比、钻遇率 |
| 流体 | 流体组分、地层水产状 |
| 边界条件 | 气水界面、圈闭边界 |
| 地应力场 | 弹性模量、主应力方位 |
| 地层能量 | 地层压力、温度、边底水能量 |
| 储量 | 储能系数/丰度、单井动态储量/EUR、未开发探明储量 |

描述流程依次为资料评价及描述尺度确定、气藏构造模型建立、储层和流体评价及预测、富集区评价和优选、储层连续性及连通性评价、概念地质模型建立、地质储量评价等，形成四表、六图、二模型（图2-1）。

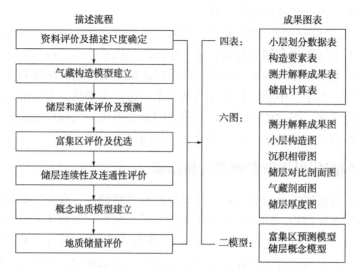

图2-1 评价和开发早期阶段气藏描述流程方法

第一步，资料评价及描述尺度确定。

核心任务是建立地层划分体系，决定气藏描述的尺度。主要描述参数包括地层界线、厚度、岩性组成。关键技术是资料的归一化处理与标定和地层旋回结构判识。

第二步，气藏构造模型建立。

核心任务是确定地层界面构造形态和断层分布。主要描述参数包括构造形态、幅度、断层方位、断距和断层组合。关键技术是速度场模型建立、合成记录标定和断层识别。

第三步，储层和流体评价及预测。

核心任务是预测储层和流体展布，评价气藏边界。主要描述参数包括储集空间、物性、净毛比、钻遇率、地层水产状、气水界面。关键技术是产层判识、含气性检测、裂缝预测和地层水分布预测。

第四步，富集区评价和优选。

核心任务是针对强非均质性气田优选富集区，划分开发层系。主要描述参数包括达到经济极限的气层厚度、储能系数、压力和流体系统划分等。关键技术是经济技术评价模型的建立。

第五步，储层连续性及连通性评价。

核心任务是确定有效储层规模尺度和连通性，指导井网部署。主要描述参数包括储集体几何形态、宽厚比、长宽比、钻遇率、接触关系、改造体积/SRV、压降边界。关键技术包括储层定量地质学、精细地层对比、约束储层反演、静动态联合表征和地应力建模。

第六步，概念地质模型建立。

核心任务是为储量评价和开发指标模拟提供概念地质模型。主要描述参数包括储层格架和孔渗饱属性参数场分布。关键技术是随机建模技术和相控建模技术。

第七步，地质储量评价。

核心任务是在探明储量的基础上评价出建产区开发可动用地质储量。构造型气藏用确定性容积法计算；岩性气藏气层分布复杂，可用不确定性容积法计算。

上述描述流程方法具有普遍适用性，但是不同类型气藏描述的侧重点不同，相对而言岩性气藏储层分布、气水关系更为复杂，气藏描述要解决的问题也更多，更具有代表性。

开发中后期阶段是指开发方案实施后至气田废弃，此阶段气藏描述的资料基础为探井、评价井及方案实施的开发井岩心、测井资料、三维地震资料及大量生产动态资料，研究尺度为小层或单砂体、低级序断层及小幅度构造，生产需求是储量动用程度评价、针对提高气田采收率开展储层精细地质特征描述、调整井型井网，技术难点为大开发井距下建立精细地质模型、进行精细储渗单元和剩余储量的准确预测。基于早期气藏描述，此阶段气藏描述进一步细化描述内容，可概括为6个特征要素、13类主要参数，具体包括小层界限、地层厚度、地层岩性组成、小层微构造、低级序断层(三、四级断层)、储渗单元规模尺度、接触关系、连通性、地层水产状、地层压力、边底水能量、开发未动用储量、难动用储量等(表2-3)。气藏描述流程为精细地层结构描述、储渗单元划分和定量表征、流体分布描述、储量动用程度评价、静态地质模型建立、剩余储量评价等，形成三表、七图、二模型(图2-2)。

表2-3　开发中后期阶段气藏描述关键参数

| 特征要素 | 主要参数 | 特征要素 | 主要参数 |
| --- | --- | --- | --- |
| 地层 | 小层界限、厚度、岩性组成 | 流体 | 地层水产状 |
| 构造 | 小层微构造、低级序断层(三、四级断层) | 地层能量 | 地层压力、边底水能量 |
| 储层 | 储渗单元规模尺度、接触关系、连通性 | 储量 | 开发未动用储量、难动用储量 |

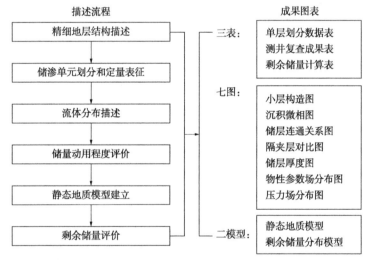

图2-2　开发中后期阶段气藏描述流程方法

第一步，精细地层结构描述。

核心任务是细化分层和构造单元，提高研究精度。主要描述参数包括小层界限、小幅构造和低级序断层。关键技术是精细地层对比和构造解释。

第二步，储渗单元划分和定量表征。

核心任务是落实连通储层单元大小和单井控制范围。主要描述参数包括储渗体形态、尺度、接触关系、压降边界。关键技术是分级构型描述、静动态综合表征和工艺效果评价。

第三步，流体分布描述。

核心任务是细化流体分布及水侵特征。主要描述参数包括地层水产状与分布、气水界面变化、地层水能量。关键技术是水侵机理分析和产水层精细判别。

第四步，储量动用程度评价。

核心任务是落实单井剖面和井间储量动用情况。主要描述参数包括地层压力、泄气半径、改造体积、动态储量。关键技术是试井评价和动态储量评价。

第五步，静态地质模型建立。

核心任务是通过单井拟合和修正建立静动态一致的地质模型。主要描述参数包括储层格架和各属性参数场的分布。关键技术是地质—地球物理—动态一体化建模技术和单井动态拟合。

第六步，剩余储量评价。

核心任务是落实剩余储量类型和分布。主要描述参数包括开发未动用储量、难动用储量。关键技术是数值模拟技术和剩余储量分类评价。

上述流程方法具有普遍适用性，开发中后期气藏描述的内容相对开发初期有所减少，井网开发效果和剩余储量评价是后期气藏描述的核心内容。

## 2.2 气藏描述的主要方法

### 2.2.1 气藏储渗单元刻画技术

气藏以储气单元规模和泄气边界描述为重点，因此针对气藏提出储渗单元的概念，对于连续性和连通性差的强非均质性气藏，储渗单元是认识气藏开发地质特征的核心内容。储渗单元是岩性或物性边界约束的、内部储渗空间相互连通的、具有统一压力系统的地质体，是最基本的储集体单元和开发单元，其边界条件约束了开采过程中的压降波及范围（图2-3）。与流动单元不同，储渗单元研究阻流边界，将阻流边界控制在范围以内，分布连续、具有相似物性特征的沉积微相和微相组合可划分为不同品质的储渗单元。流动单元是对沉积微相按流动特征的分级分类，不同流动单元之间是相互连通的。依据储层储集空间的特点，以及气藏开发工艺技术，可以把储渗单元划分为五种类型（表2-4），包括孔隙型、孔洞型、裂缝型、混合型和人工型。其中，孔隙型主要发育在碎屑岩储层中，通常具有连片、大面积分布的特点；孔洞型多发育在碳酸盐岩和火山岩储层中，一般非均质性较强，物性变化较大；裂缝型可以发育在碳酸盐岩、变质岩和火山岩中，具有较高的渗流能力，多为厚层块状；混合型一般具有多种储集空间类型，储层物性变化较大；人工型主要是针对非常规储层在开发过程中需要借助改造工艺改善储层条件，导致地下储层的渗透通道发生变化，从而使原有的储渗单元发生改变。

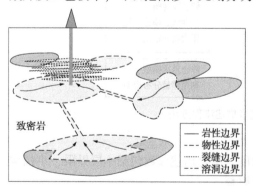

图2-3 储渗单元示意图

#### 表2-4 储渗单元类型划分

| 类型 | 成因 | 主要特征 | 划分依据 |
|---|---|---|---|
| 孔隙型 | 以沉积作用为主 | 沉积体大小决定单元规模；<br>沉积体能量决定储渗性能 | 沉积体定量知识库、地震、密井网、压力监测、试井 |
| 孔洞型 | 以溶蚀作用为主 | 选择性或非选择性溶蚀规模决定单元规模；<br>溶蚀强度决定储渗性能 | 地震、数值试井、压力监测、示踪剂 |

| 类型 | 成因 | 主要特征 | 划分依据 |
|---|---|---|---|
| 裂缝型 | 以构造作用为主 | 裂缝规模决定单元规模；<br>裂缝既是储集单元又是渗流通道 | 划分难度大，主要靠数据监测 |
| 混合型 | 混合成因 | 规模可大可小；<br>储渗性能可好可坏 | 地震、压力监测、数值试井、示踪剂 |
| 人工型 | 改造成因 | 施工规模决定单元规模；<br>岩石性质决定储渗性能 | 地应力；改造参数；微地震监测 |

储渗单元划分原则如下：

平面上：①相似的地震振幅变化率或地震波形特征，测井曲线具有可对比性的井组；②流体性质或变化特征相似，生产特征一致的井组；③具有相对一致的压力变化趋势的井组；④生产过程中出现井间干扰的井组。

纵向上：生产层段存在厚度较大的致密隔挡层，出液性质和生产特征不同层段具有明显差异的不是同一储渗单元。

低渗致密砂岩气藏储渗单元主要是孔隙型的，是受沉积作用控制的，沉积体大小决定了储渗单元的规模。因此，从沉积成因出发，分析沉积界面级次，确定储渗单元边界类型，进行储渗单元划分评价是该类气藏研究的主要方法。以苏里格气田储渗单元研究为例，阐述储渗单元刻画技术。

**1）储渗单元边界类型**

受水深的控制，同期河道沉积的顶界为泛滥平原或溢岸沉积，受河道改道作用的影响，河道沿侧向移动，河道对泛滥平原或溢岸沉积的泥岩产生切割，常在下一期河道底部形成泥岩衬里。由于泛滥平原或溢岸沉积是河道滞留沉积的横向而不是纵向伴生微相，与河道沉积属同一期河流沉积的侧向沉积物。因此，不同期次河道沉积界限为泛滥平原或溢岸泥岩相，即辫状河储层建筑结构中的四级构型界面（Miall，1996）。而对于苏里格型辫状河大型复合河道带，多期河道侧向往复改道，形成纵向和横向上多期河道砂体、泛滥平原或溢岸泥岩相互叠置而成的复合河道带。

储渗单元研究的首要任务是识别储渗单元内部和外部边界。储渗单元识别的基础是不同储渗单元与内、外部边界的岩性和物性差异。河流相致密砂岩气藏有效储集层成因与岩石结构、成岩作用密切相关。苏里格气田辫状河沉积体系中心滩和河道充填底部粗砂岩相分选差、大粒径矿物颗粒形成岩石骨架结构，石英类刚性矿物含量高、抗压实能力强，有利于原生孔隙的保存和孔隙流体的流动，溶蚀作用相对发育，整体上孔隙度、渗透率均较高，渗流条件好，是有效储层发育的有利岩相；河道充填中、上部中细砂岩中火山岩屑等塑性颗粒含量高、分选好，呈致密压实相，不利于孔隙流体的流动和溶蚀作用的发生，孔隙度和渗透率均较低，有效储层不发育。同时，废弃河道、泛滥平原、心滩内部不同期次单元坝间泥岩夹层和落淤层等泥岩相渗透率极低。储渗单元研究中将心滩、河道底部充填等渗透率高、物性条件好的沉积微相或微相组合归为储渗单元，溢岸、心滩侧向加积的坝内粉砂质泥岩夹层和落淤层是储渗单元研究中的内部边界，废弃河道、泛滥平原是储渗单元研究中的外部边界。

泛滥平原和溢岸泥岩相，即同期河道复合砂体的顶界面，是储渗单元的标志性顶/底界面，也是储渗单元在纵向上的主要识别标志。泛滥平原和溢岸泥岩厚度一般为数十厘米到数米不等，延伸范围较广。废弃河道泥岩位于储渗单元顶面附近，同属于储渗单元的外部边界，是由河道水流侧向运动或河流水动力减小引起的，一般河流上游部位废弃河道泥岩规模发育较小，河流下游由于水动力减弱废弃河道泥岩发育规模增大，但整体上废弃河道泥岩位于同期河道充填沉积范围以内。河道充填沉积顶部由于水流的沉积分异作用，沉积物分选好，粒径相对较小，通常在细粉砂级别，受压实作用影响大，渗透性较差。由于河道顶部充填物性较差，形成储渗单元的外部物性边界。河道充填沉积顶部与底部间的岩性界面是河流相储层建筑结构的三级界面。

单元坝是构成心滩的基本单元，河道水流受多个心滩单元坝阻隔发育坝间次级水道，或称串沟，次级水道水动力相对较弱，粉砂质泥岩、泥岩在该区域易沉降，形成坝间泥岩。坝间泥岩为储渗单元内部边界，通常规模相对较小、物性差，一般厚度小于 0.5m，是河流相储层建筑结构的二级界面。

坝内泥岩是心滩侧向加积作用产生的粉砂质、泥质夹层，通常厚度较薄、纹层或夹层级，分选好；落淤层泥岩则形成于季节性洪水期的泥质沉积物，一般侧向延伸宽度有限，发育规模较小。坝内泥岩和落淤层泥岩统称为斜列泥岩互层，同属储渗单元的内部边界，是层系组或单个层系界面，属建筑结构中的一级界面。

**2）储渗单元发育模式**

野外露头观测和致密砂岩气藏开发中密井网区精细解剖可识别不同类型储渗单元，从而建立储渗单元叠置模式。针对苏里格气田将储渗单元划分为心滩与河道底部充填叠置型、河道底部充填叠置型、心滩叠置型和心滩或河道底部充填孤立型四种发育模式(图 2-4)。

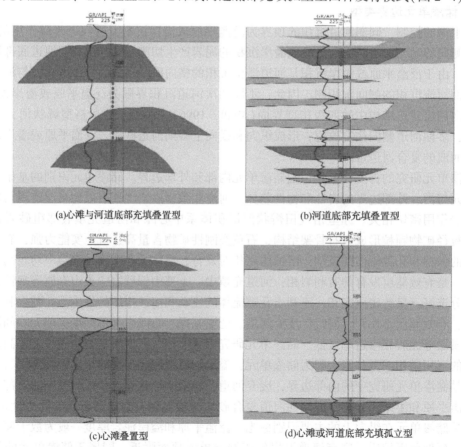

(a)心滩与河道底部充填叠置型    (b)河道底部充填叠置型

(c)心滩叠置型    (d)心滩或河道底部充填孤立型

图 2-4  不同类型储渗单元实钻分析图

（1）心滩与河道底部充填叠置型。

心滩整体上一般为块状粒序，底部为砾岩或粗砂岩相，向上过渡为粗、中砂岩相。由于心滩边部水动力作用较弱，通常为斜层状的泥岩或粉砂质泥岩（落淤层），同时侧向加积作用剧烈，形成心滩复合砂体内部夹杂泥岩或粉砂质泥岩夹层，即储渗单元的内部阻流边界。该阻流边界通常规模较小，呈纹层状，从露头剖面和水平井实钻轨迹中可识别出该类型储渗单元内部阻流边界。心滩与河道底部充填型储渗单元内部落淤层阻流边界纵向发育规模较小，一般小于0.5m，水平井钻井过程中通常沿心滩侧向钻进过程中钻遇薄层状泥质夹层即为落淤层边界。心滩与河道底部充填叠置型储渗单元底部边界为上期河道消亡时沉积的泛滥平原或废弃河道泥岩、粉砂质泥岩，属岩性边界。其上部边界为河道顶部充填沉积形成的中、细砂岩相，分选较好，物性较差，形成物性边界。该类型储渗单元通常为厚层状，纵向上厚度较大，一般在10~15m。

（2）河道底部充填叠置型。

两期或多期河道底部充填呈垂向叠置，河道带砂体底部发育明显的冲刷界面，一般呈不规则下凹状，底部以含砾粗砂岩、粗砂岩相为主，单期河道砂体内部呈正粒序旋回。受河道迁移、改道作用的影响，在不同期次河道充填的顶部形成废弃河道或泛滥平原泥岩、粉砂质泥岩的互层，是该类型储渗单元的内部岩性边界。由于河道底部充填的冲刷作用，泥岩或粉砂质泥岩互层较薄，通常在0.5~1m。单个河道带砂体厚度4~7m，不同期次河道底部充填叠置型储渗单元通常由3~5个河道砂体垂向叠置而成。因此，该类型储渗单元厚度较大，一般为6~10m。

（3）心滩叠置型。

辫状河发育带中两期或多期心滩垂向叠置形成规模较大的储渗单元，该类型储渗单元厚度在10~20m。不同期次心滩砂体间由于辫状河道的改道作用频繁，通常夹薄层状泛滥平原或废弃河道泥岩相，一般厚度在3~5m，形成储渗单元内部岩性边界，整体上该类型储渗单元发育频率较低。心滩砂体一般呈块状，具有纵向上粒度逐渐变细的特征，但心滩砂体受侧向加积作用，内部常见倾斜状泥岩夹层（落淤层）。

（4）心滩或河道底部充填孤立型。

与上述叠置型储渗单元不同，该类型储渗单元受改道作用的影响，不同期次辫状河道砂体侧向变化距离较大，在辫状河体系过渡带或体系间洼地，心滩或河道充填砂体沉积频率较低，从而纵向上心滩或河道底部充填砂体呈孤立状。心滩砂体顶部偶见侧向加积形成的倾斜状泥岩，呈薄层状，通常在0~0.5m。河道充填孤立型储渗单元由于河道体系过渡带或河道体系间水动力较弱，储渗单元顶部通常为河道顶部充填砂体，粒度较细，呈中、细砂岩相，渗透性较差。同时，随着该期河道的改道或消亡，河道充填顶部向上为废弃河道或泛滥平原沉积泥岩或粉砂质泥岩。单个心滩厚度一般为5~8m，河道底部充填砂体厚度一般为3~5m，因此该类型储渗单元与叠置型相比，具有发育规模较小、侧向上连续性和连通性差的特点。

## 2.2.2 储层分级构型描述技术

储层结构单元分析也被译为构型分析、层析结构分析和储层建筑结构等，是通过不同级次的界面识别和结构要素分析对地质体进行精细的解剖。Miall等提出的层系界面划分法为地质体解剖提供了一种有效的思路和方法，即以不同级次界面识别和构型要素分析为基础，对河流相点坝沉积和三角洲相河口坝沉积进行精细解剖，探究其内部构型特征，在曲流河和三角洲沉积体系研究中取得了较好的应用效果。目前针对油藏开展了大量的储层构型研究工作，尤其是对曲流河研究最为深入，并以不断追求提高描述精度为目标。而对于气藏而言，并不需要一味追求精细刻画更小的储层单元，通常对一些重点边界条件的描述就能够满足气藏开发的需要。为此利用储层构型研究的理论和方法，针对气藏开发特点，提出分级构型描述技术，满足不同开发阶段不同资料条件下的气藏开发研究需求。

总体上，气藏描述重要的储层构型可以分为四个级别。

一级构型与沉积盆地地层组内充填复合体相对应，主要是气藏勘探到早期评价阶段研究的对象，用以确定气藏开发层系。

二级构型对应于地层组段内发育的沉积体系。比如河流体系发育带、滩坝发育带、重力流水道发育带等，一般是地层组内以段为单元进行研究，反映的是主要沉积体系的分布规律。二级构型是在气藏评价阶段气藏描述的重点对象，以寻找富集区带为目标，落实优先建产区块，主要依据就是有利沉积体系的发育带，比如苏里格气田评价期对辫状河体系发育带的描述有效解决了气田富集区优选问题。

三级构型指单个河道沉积级别，研究目标是刻画河道叠置带内的沉积特征，即单河道规模、组合叠加模式等。进入气田开发早期和中期，重点在气层富集区内开展储层分布规律研究，获得有效气层的规模尺度、发育模式，预测气层分布，为井位优化部署提供依据。苏里格气田气层富集区以辫状河叠置带为主，对辫状河叠置带内河道砂体分布的描述是井位预测的重要依据。

四级构型描述规模更小，以单一沉积体内的构成单元为描述对象，相当于河道沉积中点坝、心滩沉积的描述。四级构型的描述是气藏开发后期的重点任务，井数较多、井距较小，具备了精细刻画气层分布特征的基础资料条件。同时，为提高气藏储量动用程度，生产上需要进一步刻画气层分布的井间非均质性。

以苏里格气田为例，由大到小将其划分为四级构型：辫状河体系、主河道叠置带、单河道、心滩(表 2-5、图 2-5)。

表 2-5　苏里格气田复合砂体四级构型划分

| 构型划分 | | 一级 | 二级 | 三级 | 四级 |
|---|---|---|---|---|---|
| | | 辫状河体系 | 主河道叠置带 | 单河道 | 心滩 |
| 地层单元 | | 组-段 | 段 | 小层 | 小层 |
| 构型尺度 | 厚 | 几十米级 | 十几米级 | 米级 | 米级 |
| | 宽 | 十千米级 | 千米级 | 百米级 | 十米到百米级 |
| | 长 | 上百千米级 | 几十千米级 | 千米级 | 百米到千米级 |
| 几何形态 | | 宽条带 | 条带状 | | 不规则椭圆状 |
| 识别方法 | | 砂泥岩分布、地震相 | 岩心、测井相叠置样式、地震相 | 岩心、测井相 | 岩心、测井相、试井 |
| 研究目的 | | 预测富集区、部署评价井 | 预测高能河道叠置带、部署骨架井 | 预测单砂体、部署加密井 | |

辫状河体系以组-段为研究单元，可划分为盒$_{8下}$、盒$_{8上}$和山$_1$三段地层单元。辫状河体系的厚度一般在几十米、宽度达数千米、长度可达上百千米，呈宽条带状分布，形成了宏观上"砂包泥"的地层结构。在辫状河体系内，根据砂体叠置样式可划分为主河道叠置带和辫状河体系边缘带两部分。叠置带砂地比大于 70%，是含气砂体的相对富集区，剖面上具下切式透镜复合体特征，平面上呈条带状分布，厚度一般为十几米到几十米级、宽度为百米到千

米级、长度为几十千米到上百千米级。边缘带砂地比为30%~70%，在叠置带两侧呈片状分布。在叠置带和边缘带内，以小层为研究单元，进一步划分出单河道和心滩。心滩是形成主力含气砂体的基本单元，呈不规则椭圆状，厚度为米级、宽度为几十米到百米级、长度为百米到千米级。辫状河体系控制了含气范围，主河道叠置带控制了相对高效井的分布，心滩砂体的规模尺度为井网设计提供了地质约束条件。

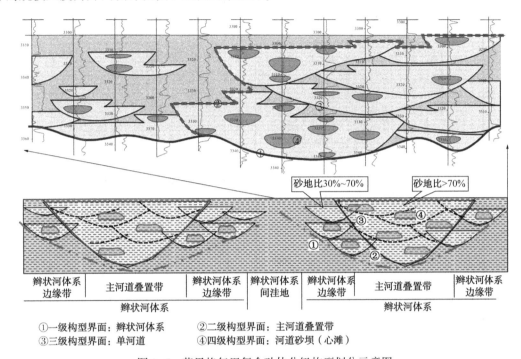

①一级构型界面：辫状河体系　　②二级构型界面：主河道叠置带
③三级构型界面：单河道　　　　④四级构型界面：河道砂坝（心滩）

图2-5　苏里格气田复合砂体分级构型划分示意图

复合砂体分级构型描述与井位部署有机结合，采用评价井、骨架井、加密井的滚动布井方式可有效提高钻井成功率。

一级构型主要利用区域钻井和地震反演资料，结合宏观沉积背景，研究区域上辫状河体系的展布和砂岩分布特征。以苏里格气田中区盒$_{8下}$段为例，可划分为三个辫状河体系，呈南北向分布，砂岩厚度15m以上的区域可作为相对富集区，以此为依据部署区块评价井，落实区块含气特征。

在一级构型分布研究基础上，将气田分解为多个区块开展二级构型分布预测。主河道叠置带分布在辫状河体系地势相对较低的"河谷"系统中，河道继承性发育，一定的地形高差和较强水动力条件有利于粗岩相大型心滩发育，主力含气砂体较为富集，沉积剖面具有厚层块状砂体叠置的特征，泥岩隔夹层不发育。主河道叠置带两侧地势相对较高部位发育辫状河体系边缘带，以洪水期间歇性河流为主，心滩规模一般较小，沉积剖面为砂泥岩互层结构。在已钻评价井砂体叠加样式约束基础上，研究沉积相分布特征，利用目的层时差分析、地震波形分析、AVO含气特征等方法可以预测辫状河体系中主河道叠置带的分布，进而部署骨架井。

在二级构型研究基础上，可进一步细化到小层，开展单河道和单砂体分布预测。在评价井和骨架井约束条件下，通过井间对比，利用沉积学和地质统计学规律，结合地球物理信息，进行井间储层预测，并绘制小层沉积微相图，指导加密井的部署。根据加密井试验区和露头资料解剖，苏里格气田心滩砂体多为孤立状分布（图2-6），厚度主要为2~5m、宽度主要为 200~400m、长度主要为 600~800m，单个小层中心滩的钻遇率为 20%~40%。加密井位的确定优先考虑三方面因素，骨架井井间对比处于主河道叠置带砂体连续分布区，地震叠前信息含气性检测有利，与骨架井的井距大于心滩砂体的宽度和长度。

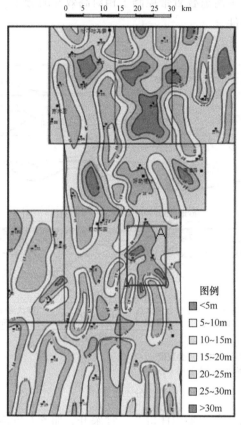
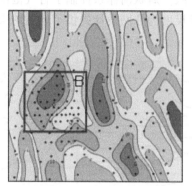

图例 ■<2m ■2~4m □4~6m □6~8m □8~10m ■10~12m ■>12m
(b)B区主河道叠置带砂体分布特征(二级构型)

图例 ■<5m □5~10m □10~15m □15~20m ■20~25m ■25~30m ■>30m

(a)苏里格气田中区辫状河砂体分布特征(一级构型)

图例 □0m □0~2m □2~4m ■4~6m ■6~8m
(c)B区七个小层之一的砂体分布特征(三级构型)

图 2-6　苏里格气田典型区块复合砂体分级构型砂体分布特征

通过砂体构型分级预测，逐步细化砂体分布认识。采用评价井、骨架井、加密井滚动布井、逐级加密的方式，苏里格气田 Ⅰ+Ⅱ 类井比例达到了 75%~80% 的较高水平，提高了气田开发效益。

总之，低渗致密砂岩气藏储层的预测难度较大，单一技术很难准确预测有效储层的分布状况，必须通过有针对性的地震技术与精细地质研究才能提高储层的预测精度，从而提高气井的钻遇比例，确保气井获得高产。

## 2.2.3 气层测井识别

对于常规气藏而言，气层通常具有典型的"挖掘效应"，解释难度并不大。但是，随着近年来致密气等非常规气藏的发现和规模开发，给气层识别带来了新的困难。由于致密储层孔隙度、渗透率低，所含流体对储层典型特征的影响相对较小，因此气层测井响应特征不明显，需要构建一些特征参数进行气水层识别。当地层含气时，声波、密度和中子测井对气层都有很好的显示，表现在声波时差变大，中子和密度测井值变小，因此可以利用声波、密度和中子测井构建气层敏感参数来识别气层、气水同层和含气水层，这里介绍纵波时差差比法

和 $AK$ 交会组合法。

**1）纵波时差差比法**

利用天然气的"挖掘效应"定量化为参数 $DT$，根据 $DT$ 的大小进行识别。将中子测井值合成声波时差 $\Delta t_1$，$\Delta t_1 = (1-\phi_n)\Delta t_{ma} + \phi_n \Delta t_f$；计算 $DT$，$DT = (\Delta t - \Delta t_1)/\Delta t$，式中，$\Delta t$、$\Delta t_{ma}$、$\Delta t_f$ 分别为地层声波时差、骨架和流体声波时差，单位为 $\mu s/m$，$\phi_n$ 为地层的中子孔隙度。

当地层含气时，$\Delta t$ 升高，$\phi_n$ 降低，$\Delta t_1$ 降低，因此 $DT>0$，当地层为非气层时，$DT \leqslant 0$。

**2）$AK$ 交会组合法**

在中子-密度交会图上骨架点与流体点连线的斜率定义为：

$$A = \frac{\rho_{ma} - \rho_f}{\phi_f - \phi_{ma}} = \frac{\rho_b - \rho_f}{\phi_f - \phi_n} \qquad (2-1)$$

在中子-声波交会图上骨架点与流体点连线的斜率定义为：

$$K = \frac{\Delta t_f - \Delta t_{ma}}{\phi_f - \phi_{ma}} \times 0.01 = \frac{\Delta t_f - \Delta t}{\phi_f - \phi_n} \times 0.01 \qquad (2-2)$$

式（2-1）和式（2-2）中，$\rho_b$、$\rho_{ma}$、$\rho_f$ 分别为岩石体积密度、骨架和流体密度，$g/cm^3$；$\phi_{ma}$、$\phi_f$ 分别为骨架和流体的含氢指数，其余参数同上。

$A$ 和 $K$ 是反映岩石骨架和孔隙流体特征而不受孔隙度影响的参数。当地层含气时，$\rho_b$ 和 $\phi_n$ 都减小，$\Delta t$ 增加，因此 $A$ 和 $K$ 都变小。而油层和水层的 $\rho_b$ 和 $\phi_n$ 相对较大，$\Delta t$ 较小，因此 $A$ 和 $K$ 都比较大。将气层与水层的差异放大，选用 $\sqrt{A^2 + K^2}$ 作为气层识别的参数，定义该判别参数为 $AK$，则：

$$AK = \sqrt{\left(\frac{\rho_b - \rho_f}{\phi_f - \phi_n}\right)^2 + \left(\frac{\Delta t_f - \Delta t}{\phi_f - \phi_n} \times 0.01\right)^2} = \frac{1}{\phi_f - \phi_n}\sqrt{(\rho_b - \rho_f)^2 + [(\Delta t_f - \Delta t) \times 0.01]^2} \qquad (2-3)$$

以苏里格气田西区为例，通过单层试气段分析表明，纵波时差差比法和 $AK$ 交会组合法在气水层识别效果较好，因此，根据单层试气点的数据进行 $AK$ 和 $DT$ 交会（图 2-7），确定气层、气水同层和含气水层的 $AK$ 和 $DT$ 值范围。其中，气层：$AK<4.55$，$DT>0.065$；气水同层：$4.55<AK<4.64$，$0.02<DT<0.065$；含气水层：$AK>4.64$，$DT<0.02$。由于中子、密度和声波测井对井眼条件要求较高，当井径扩大时，中子、密度和声波测井不能很好地反映井眼周围地层和流体的性质，因此对 92 个单层试气点进行井径分析，排除 21 个扩径井段。井眼条件比较好的 71 个单层试气点用 $AK$-$DT$ 法解释，有 7 个点与试气结论不符，相比原解释结论精度提高了 17%，解释精度达 90%。

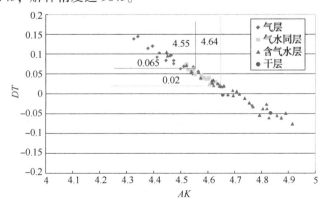

图 2-7 苏里格气田西区单层试气 $AK$-$DT$ 交会图

### 2.2.4  地震含气性检测

（1）子波吸收系数法。主要原理是当地震波在地层中传播时，其能量随着传播距离的增大不断衰减。当地层中含气时，能量衰减会在子波的高频成分处加速。地震道是地震子波与地层反射系数的褶积，而反射系数不吸收能量，能量吸收的信息都包含在子波中。常规的吸收分析是利用地震道直接计算，这样就能把非吸收异常地震道中的强振幅"检测"出来；而且褶积压制了子波频谱的有效信息，增加了储层预测的不可靠性。优点在于消除了地层反射系数的影响，消除了由于上下地层差异引起的振幅异常，因而更可信，并且有很高的灵敏度。

（2）AVO 分析技术。以井上解释的含气砂岩为基础，通过岩石地球物理参数测定和测井 AVO 正演模拟，确定 AVO 含气砂岩组合，即振幅随入射角增加而加强，从而在叠前保真的动校道集上识别砂岩段振幅随偏移距变化规律，并通过分偏移距叠加、AVO 属性叠加和提取等技术，对砂岩含气性进行了定性预测。

（3）多波地震技术。多波 Z 分量大角度的叠前 AVO 分析，不同于常规地震的是 7000m 左右的偏移距使其保持了近 35°入射角的 AVO 信息，而且小道距的灵活组合得到了很好的道集资料，单道检波的原始保真度使 AVO 现象得到了更为明确的反映；高精度 Z 分量瞬时子波能量吸收衰减分析，是依据地震波的高频成分能量与含气性有关，从井旁地震道分析，高产井点处表现为 10~15Hz 的信号能量相对增强，而 30~40Hz(主频)处的能量相对减弱。说明利用这种变化求取的瞬时子波的吸收系数与储层的含气性具有较好的对应关系。但其应用的前提必须是野外信号的完全保真和处理中保留足够宽的频带，多波 Z 分量品质最好的中等偏移距叠加剖面保证了这一技术的有效应用。纵横波联合解释是对具有纵横波测井资料的已知井进行 P 波、PSV 波在各自时间域的标定，将 PSV 波时间域内的 PSV 波剖面压缩到 P 波的时间域内进行求取泊松比，并计算 P 波、PSV 波目标层位的振幅(最大振幅、均方根振幅、平均振幅等属性)后，进行振幅比定量计算，可以较为准确地评价储层的有效性。

### 2.2.5  地层压力评价

地层压力对于气田开发而言尤为重要，可以说石油开采是采出含油饱和度，天然气开采直接采出地层压力。通过气井地层压力评价获取地层压力，主要方法包括以下几种。

（1）动态监测法。新井投产前静压测试、生产井关井测试以及观察井压力监测是确定气井地层压力的直接方法。受生产管理、技术条件和经济因素制约，生产井关井时间往往受到限制，在难以完全关井至稳定的情况下，可以采用试井分析方法推算地层压力。

（2）压降推算法。压降法是定容封闭弹性气驱气藏物质平衡分析法的别称，常用于气藏动态储量计算，也可以用于气井地层压力评价。对于定容封闭弹性气驱气藏，地层压力与天然气偏差系数的比值和累计产量呈线性关系，井间干扰效应不显著或单井供给范围持续处于动态平衡且无水侵影响时，气井压降也有这种关系。采用已有的数据计算地层压力与天然气偏差系数的比值，建立与累计产量的直线关系，再根据建立的直线关系和当前累计产量来推算未知井的比值，从而根据压力与偏差系数关系图进行试凑迭代计算确定未知井地层压力。该方法的使用条件是气藏中不存在使压降图上直线关系产生变化的异常效应，例如水侵、后期低渗透补给、异常高压气藏压力衰减特殊规律等。并且，单井供给范围无变化，之前通过测试已获得一些不同累计产气量时刻对应的准确地层压力数据。满足以上条件时，该方法的可靠性才有保障。

（3）井口稳定静压折算法。在气井实际生产过程中，下压力计至井底实测地层压力的做法很少，在一定条件下可利用生产动态资料，选取关井期井口压力数据快捷地近似计算地层压力。简化考虑理想气体的情况下，静压柱压力计算公式为 $P_{ws} = P_{wh} + DH$，其中 $P_{ws}$ 为井底静压，$P_{wh}$ 为井口静压，$D$ 为井筒内平均压力梯度，$H$ 为气井产层中部垂深。在单项静气柱的情况下，井筒内平均压力梯度与井筒内气体的平均密度成正比，也与井筒内平均压力成正比。按照算术平均法计算井筒内平均压力，推导可知井筒内平均压力梯度与井口静压也成正比，比例系数与井深相关。对于气体组分和气井井深相差不大的气田，可以利用气井井筒静压梯度测试资料，建立静压梯度与井口压力之间的经验关系式。只要掌握压力梯度与井口压力的关系，就可以根据公式确定气井井底压力。这种方法的适用条件是关井至井口压力平稳，井筒内为单相气体，应用对象气井的天然气相对密度、井深与建立经验关系式的样本气井对应参数近似相同。

（4）二项式产能方程估算法。根据气井稳定渗流二项式产能方程可以反算地层压力。气井产量数据易于获得，如果之前通过测试分析获得了气井产能方程系数，则只要测得井底流压，即可计算对应时刻的地层压力。该方法的适用条件是气井产能方程系数无变化，而生产过程中井底净化改善或堵塞污染、气井出水、低渗透地层气井供给区域内渗流难以达到稳定状态，均会导致该方法不适用。

## 2.2.6　泄气范围评价

泄气范围是气藏描述的一项重要内容，也可以称作泄气半径、泄流半径、泄压波及范围等，核心是指气井全生命周期生产过程中井筒周围能够参与流动的气体分布的面积。地质评价方面，主要通过对有效储层的形态结构、规模尺度和连通性分析，预测气体有效沟通的范围；动态评价是气井泄气范围研究的主要手段，包括试井解释法、产量不稳定分析法、曲线积分法、压降法、弹性二相法、压力恢复法和递减分析法等，不同的开发阶段，具有的动态资料信息不同，所适用动态评价方法存在差异。这里重点介绍前三种常用的方法。

（1）试井解释法是早期可用的主要测试手段，可以初步确定气井的生产能力，获取地下储层的渗流能力和泄压波及范围。不稳定试井基于严格的渗流理论，是探测气井泄压边界、判断几何形态的科学有效的方法。对苏里格气田早期投产的 12 口气井进行不稳定试井分析，试井解释单井控制有效砂体几何形态主要表现为两区复合、平行边界和矩形三种形式，供气范围小，单井控制储量低。两区复合模型内区范围为 50~70m，平行边界模型预测河道宽度为 60~110m，矩形模型预测河道宽为 60~180m、长<1000m。由于致密气储层致密，渗流能力弱，导致压力传导慢，短期主要是近井带供气，压力下降大，远离井点位置，压力下降暂时未波及，形成压降漏斗，随着生产时间的延长，压降范围会逐渐扩大。依据致密气层的物性特点，早期试井得到的泄压范围是偏小的，但也间接反映了苏里格气田有效砂体规模小、连通范围小的发育规律。

（2）产量不稳定分析法适用于生产时间较长的气井，至少具有 2 年的生产历史，预测结果可靠性较高。该方法受到的条件限制少，主要需要气井的实际生产数据，包括产量和压力数据及气井钻遇储层物性数据，该方法经过严格的数学推导，能够有效评价气井泄流范围、动储量等。其原理依据：流体从储层流向井筒经历两个阶段，即开井初期的不稳定流动段和后期的边界流动段。在不稳定流动段，压降未波及边界、边界对流动不产生影响，也就是通常用不稳定试井进行描述的流动阶段。当压降传播到边界并对流动产生影响后，储层中的流动就进入了边界流动段(包括定产量生产情况下的拟稳定流动段和变产量生产情况下的边界流动段)。传统的 Arps 产量递减曲线描述的就是边界流动情况下产量递减趋势。"现代生产动态分析方法"包括从不稳定流动段到边界流动段的整个过程,在不稳定流动段,通过引入新的产量(拟压力规整化产量)、压力(产量规整化拟压力)和时间(物质平衡拟时间)函数,与不稳定试井解释中的无因次参数建立了函数关系,从而建立了气井不稳定流动阶段的特征图版。在边界流动段,对传统的 Arps 产量递减曲线进行了无因次化,新的产量、压力与时间函数的引入,使后期的 Arps 递减曲线会聚成一条指数递减或调和递减曲线。由此建立了气井生产曲线特征图版。图版的前半部分为一组代表不同无因次井控半径($r_e/r_{wa}$)的不稳定流动段特征曲线,这组曲线到边界流阶段汇成一条指数递减曲线(或调和递减曲线),为了提高曲线分析精度,除了压力规整化产量之外,还用到了产量规整化压力的积分形式和求导形式,用于辅助分析。利用图版不稳定流动段的拟合可以计算气井的表皮系数、储层渗透率、裂缝长度等,利用图版边界流动段的拟合可以计算气井井控储量(动态储量)。

传统的 Arps 递减曲线法是一种经验方法,优点是不需要储层参数,仅利用产量的变化趋势就能进行产量预测、计算可采储量。该方法的适用条件:①气井定井底流压生产;②从严格的流动阶段来讲,递减曲线代表的是边界流动段,不能用于分析生产早期的不稳定流动段;③在分析时要求气井(田)生产时间足够长,能够发现产量递减趋势;④储层参数以及气井生产措施不会发生变化。

由 Fetkovich、Blasingame、Agarwal-Gardner 等在 Arps 递减曲线基础上建立的生产曲线特征图版拟合法,利用经过压力规整化后的产量,考虑流动压力变化对生产的影响,使曲线更能反映储层本身的流动特征,而且使分析方法既适用于定量生产,也适用于变量生产;此外,通过引入拟时间函数和物质平衡拟时间函数,来考虑随地层压力变化的气体的 PVT 性质以及储层应力敏感性等;从流动阶段来讲,生产曲线特征图版既包括早期的不稳定流动段,也包括后期的边界流动段。

生产曲线特征图版拟合法只需要产量和流压数据,除原始地层压力之外,不需要关井测压数据,只要储层中的流动达到拟稳定流(定产条件下)或边界流(变产条件下)就能进行分析。通过对气井生产曲线进行典型图版拟合的方式计算储层渗透率、表皮系数、井控储量,并能定性分析井间关系、水驱特征等。

生产曲线特征图版包括传统的 Arps、Fetkovich 方法,现代的 Blasingame、Agarwal-Gardner(AG)、Normalized Pressure Integral(N. P. I)、Transient、Flowing-Material-Balance(流动物质平衡)等方法。同时还有在图版基础上,结合气井生产历史拟合的 Analytical 解析方法,综合获得气井的动态控制储量和泄流范围。

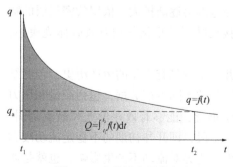

图 2-8　曲线拟合积分方法
求取气井动态储量示意图

(3)曲线积分法评价气井动态储量。曲线积分法主要是运用气井的生产动态曲线,通过对曲线进行函数拟合,进而函数对生产时间计算积分,结合气井的废弃产量条件,即得到气井最终的累计产气量(图 2-8)。该方法充分利用了实际生产井的产量递减规律,特别对于生产时间较长的气井和区块更加准确,苏 36-11 区块 2006 年投产,大部分气井生产超过了 5 年,气井递减已经趋于稳定,曲线积分方法可以很好地反映该区块气井的递减情况及评价出准确的最终累计产气量。本次主要以分年投产井合并分析的方式，即将相同年份投产的气井合并，开展曲线拟合和函数积分，最终得到分年投产气井的平均累计产气量。

### 2.2.7 干扰试井评价

气田开发过程中，气井之间是否发生干扰以及干扰程度是合理设计开发井网、提高气田采收率、提升气田开发效益的一个关键因素。对于常规块状整装构造气藏，适宜采取"稀井高产"的开发模式，尽量加大井距，减少井间干扰程度，保障气井高产、稳产；对于连通性差的岩性气藏，特别是以苏里格气田为代表的透镜状砂岩气藏，完全避免井间干扰尽管能够保障单井具有较高的累计产气量，但是气田采收率较低，不利于资源的充分利用。因此，需要通过井网优化找到井间干扰程度与气田开发效益的结合点，科学优化、合理加密开发井网，才能在保障效益开发的条件下最大限度地提高气田采收率。

# 第3章 储渗单元划分方法

## 3.1 储渗单元概述

### 3.1.1 储渗单元相关概念

在常规油藏描述中，进行储层精细解剖，将储层细分为具有相似流体流动特征的储集体是一项常规工作，能够有效指导油水运动分析和剩余油分布预测。基于流体流动相似性，Hearn 等首先提出了流动单元的概念，流动单元研究以一致的岩石学和水动力学特征为基础，将具有不同特征的沉积微相划分为不同级别的流动单元，预测剩余油分布规律。后来不少学者围绕流动单元展开研究。W. J. Ebanks 于 1987 年对流动单元进行了一次综合化定义，即在平面及垂向上连续分布的渗流性质相近的储集岩体；后来认为是岩石物理性质和地质特征都相同的储集岩体。Rodriguez 和 Maravens 于 1988 年提出流动单元是指对渗流作用起到一定影响作用的岩石物理特征相近的、平面上和垂向上连续分布的储集体。J. O. Amaefule 等于 1993 年提出流动单元可以称为水力单元，它代表水力性质相近的岩石段。

国内关于流动单元的研究起步较晚，相关概念通过 1989 年第二届国际储层表征技术讨论会的研讨才慢慢被国内学者所认可并开始应用研究。裘怿楠先生（1994）指出流动单元是砂体内部建筑构造的一部分，同时其还提出流动单元实际上只是一个相对值，应该具体问题具体分析，依据实际生产条件来具体研究。姚光庆（1994）以河南新民油田低渗细粒储层砂岩为研究对象，在对低渗透细粒储集层砂岩研究中提出，流动单元的基本的岩石单位是岩石物理相，即从渗流特征的层面来研究，岩石物理相即为"水动力单元"，也因此产生了岩石物理结构层面上的研究，通过岩石的分解并利用储渗层段指标 FZI 对岩石物理相进行了分析并将之作为研究过程中的一个重要评判标准。焦养泉等（1995）分析不同区域的沉积岩石后发现，该类物质实际上可以划分为一部分建筑结构，并认为是按照沉积体内部水动力条件来进行划分的。穆龙新等（1996）更加详细地对前人的观点进行了综合分析，提出受到边界的限制，砂石内部成分将在挤压的环境下分解成不同形态的流动单元，进而在流动单元内部相互渗透。穆龙新等（1999）将流动单元定义为一个储集油砂体及砂体内受边界控制且该类型的流动单元主要受控于非均质渗透性、遮挡性断层、隔层、沉积微相界面，从而导致其渗透性及水淹特点近似。刘吉余等认为同一类流动单元是具有相同渗流特征的同一储集层单元，同时认为流动单元具有规模性、层次性及相对性。他们在分析流动单元基本特征的基础上，又提出了流动单元的分类方案，即把流动单元分为受孔隙结构、断层、夹层、隔层、渗透率韵律、层理构造以及裂缝因素控制的类。不同成因的流动单元反映出储层非均质性的规模及层次性，且研究方法及内容也都不同。张继春等根据油田不同开发阶段钻测井、空内驱替实验及各类生产动态资料，揭示出流动单元的属性特征随着开发过程的演化发展模式，同时通过工作站等智能化技术手段刻画出流动单元在不同阶段各参数属性的二维变化，即在工区流动单元的四维模拟模型。该方法不仅在空间场域实现流动单元地下特征属性的模拟，还在时间场域上真实地模拟出其属性的变化过程，揭露并预测出工区对应的不同开采阶段其流动单元内部油水运动规律及剩余油的分布状况等。

气藏开发与油藏开发有所不同。其隔挡主要通过阻流边界来刻画，阻流边界往往是泥岩隔层；而在阻流边界内部，可能发育不同的沉积微相组合，但在划分流动性上，不再考虑微相边界，而是作为一个整体通过物性参数等进行流动性综合评价。郭建林等在前人对河流相沉积体系流动单元划分和储层构型研究的基础上，结合多年的研究与实践，提出了储渗单元研究思路，以河流相沉积边界和储层非均质性差异为标志，针对河流相沉积体系中高渗、低渗储层单元开展识别和分析，建立不同渗透性特征的储集体空间分布模式，指导河流相致密砂岩气藏开发实践。本文参考其概念，将储渗单元定义为以阻流边界（通常为岩性或物性边界）识别为基础，将阻流边界控制范围以内，分布连续、具有相似物性特征的沉积微相和微相组合进行不同品质的划分的最小单元。从本质上，流动单元研究是对沉积微相按流动特征的分级分类，而储渗单元研究是将不同类型的沉积微相按渗透性聚类，通过不同沉积微相的叠置关系建立储渗单元内部结构模式。由于天然气的流动性远高于原油，通常气藏开发中压降波及范围内的天然气可采储量均可实现商业开发，因此储集体内部储集和渗流特征评价是气藏开发评价的研究重点，储渗单元正是具有相似储集性能和渗流特征的沉积亚（微）相或亚（微）相组合，对天然气开发具有重要的指导意义。

### 3.1.2 储渗单元划分参数选择

储渗单元划分结果的准确性往往取决于对参数的选择。选取的参数应具有独立性和合理性，两两参数之间的相关性不宜过大，且要选取对储渗单元划分有贡献的参数，同时也要结合研究区的资料收集程度和地质特征等因素来综合选取参数。由于储渗单元是在流动单元的基础上更加侧重于强调储层的储集性与渗流性，因此选取的参数也应该能够反映出储渗单元的沉积特征和渗流特征。

在储渗单元划分过程中，参数的选择应遵循以下原则：

（1）根据开发情况选择合适的参数。

划分参数并非越多越好，在储渗单元划分过程中，一定要选择对储渗单元划分有贡献的参数，对储渗单元划分没有贡献的参数一定不要参与划分，否则会因参数过多过杂而造成划分目的不明确，最终影响储渗单元的划分结果。

（2）参数之间应相互独立，否则会影响储渗单元划分的准确性。

如果两两参数之间具有较好的相关性，且表征的是储层的同一个方面，应该从中取其一，否则会影响划分结果。如果需要这类参数参与储渗单元的划分，应该从两者中选择其中一个参数。

（3）实际资料占有程度。

在储渗单元划分过程中，还要根据研究区资料收集的实际情况来选取参数，如果某项参数不能覆盖全区，则不要选用。同时应该尽量选取那些能够反映储层渗流特征的参数。

为了更好地开展研究区储渗单元研究，进行了岩心微观孔喉结构分析，确定研究区不同位置河道孔喉结构特征，以揭示不同河道砂体微观结构及被改造程度。

从微米 CT 图看（图 3-1），研究区孔喉较为分散，孔喉尺寸均较小，非均质性强。统计表明（表 3-1），研究区最大孔隙直径分布在 29.16~190.7μm，平均为 83.0μm；最小孔隙直

径分布在 $1.07 \sim 10.36 \mu m$，平均为 $3.0 \mu m$；最小喉道分布范围为 $0.73 \sim 10.36 \mu m$，平均为 $2.5 \mu m$。可见研究区为中孔细喉型储层，这也是研究区渗透率低的一个重要因素。另外，河道砂体虽然物性有差别，但由于整体孔喉结构均落入中孔细喉中，因此岩相对物性控制作用不明显。

图 3-1　双 84 井岩心 CT 扫描孔隙和喉道三维镂空显示

表 3-1　研究区岩心 CT 扫描孔隙规模

| 序号 | 最大孔隙/μm | 最小孔隙/μm | 最小喉道/μm | 序号 | 最大孔隙/μm | 最小孔隙/μm | 最小喉道/μm |
|---|---|---|---|---|---|---|---|
| 双 20 | 40 | 1.3 | 0.95 | 双 59-2 | 29.16 | 1.07 | 0.73 |
| 双 14 | 79.96 | 2.47 | 2.33 | 双 65 | 190.7 | 10.36 | 10.36 |
| 双 27 | 100.44 | 2.89 | 2.27 | 双 65-1 | 50.11 | 1.93 | 1.52 |
| 双 59 | 38.8 | 1.3 | 0.87 | 双 84 | 177.79 | 4.88 | 3.43 |
| 双 59-1 | 43.4 | 1.4 | 1.15 | 双 84-1 | 79.3 | 2.11 | 1.85 |

前人对已开发区气井产能影响因素的研究结果，认为孔隙度、渗透率、含气饱和度、泥质含量和泄气半径与产量有较强的相关性。结合神木气田地质及开发状况，综合选择孔隙度、渗透率、含气饱和度、泥质含量和泄气半径作为参数指标。

（1）孔隙度。

岩石的总孔隙度是指岩石中所有孔隙空间体积之和与该岩样体积的比值，一般用百分比表示。在储渗单元研究中，有效孔隙度的大小与储层的储集能力的好坏有很大的关系，因此有效孔隙度是储渗单元研究的主要对象。对于储集层而言，孔隙度的大小反映了储集性的好坏，孔隙度越大，储层的油气储集能力就越强。

（2）渗透率。

渗透率代表了在一定的压力条件下，储层砂体允许流动通过程度的能力，是进行储渗单元划分极为重要的参数，表征了储层的渗透性。流体的性质、储层孔喉大小与孔喉结构都对渗透率的大小有着一定的影响。

（3）含气饱和度。

含气饱和度是指在原始状态下，储层内天然气体积占连通孔隙体积的百分数。含气饱和度的大小反映了储层含气的多少。

（4）泥质含量。

泥质含量是与储层沉积有关的参数，它的数值大小能够反映储层物性特征，同时泥质含量还能够反映储层沉积环境的水动力条件和物源条件，水动力条件的强弱决定着沉积岩中泥质的含量。

（5）泄气半径。

泄气半径属于生产动态资料，泄气半径的大小反映了气藏波及的范围大小。这个重要的参数可由生产数据计算得到。

① 统计研究区各层段的标准产气量比值。

选取资料齐备（化验资料、生产资料等）的几口井为分析化验井（具有完备数据的井），得到每口分析化验井（具有完备数据的井）中各层段的产气量。将相同层段的产气量相加，得到不同层段的产气量值。以其中某一产气层段（通常为产气量累计值最大的层段）为标准，将各层段产能归一化，获得各层段在此研究区内的储层产气量归一化比值（相对产气能力）。

② 以容积法获得每口井中各层段的泄气面积。

根据生产资料获取每口井的动储量以及上一步获得的相对产能，得到每口井中各层段的储层产气量 $Q$。对于条件井，各层段产气量 $Q$ 可以直接从资料中获得。

容积法公式如下：

$$Q = V \cdot \rho_1 = A \cdot H \cdot \phi \cdot S_g / B \cdot \rho_2 \tag{3-1}$$

推导得到计算储层泄气面积的公式：

$$A = Q \cdot B / (H \cdot \phi \cdot S_g \cdot \rho_2) \tag{3-2}$$

式（3-1）和式（3-2）中，$V$ 为储层气体积；$\rho_1$ 为气密度；$B$ 为气体积系数；$H$ 为储层平均厚度；$\phi$ 为储层平均有效孔隙度；$S_g$ 为平均含气饱和度；$\rho_2$ 为气地面密度，这些参数均可从地质资料中获得。

③ 获取每口井中各层段单砂体泄气面积和单砂体泄气半径。

对每口井中各层段的单砂体进行劈分，通过式（3-3）计算得到不同单砂体的权值 $C_i$：

$$C_i = n \cdot K_i \cdot H_i / \sum_{i=1}^{n} K_i \cdot H_i \tag{3-3}$$

式中，$K_i$ 为储层中第 $i$ 个单砂体的渗透率；$H_i$ 为储层中第 $i$ 个单砂体的厚度，均可以通过地质资料获得；$n$ 为储层中单砂体的总数量，$1 \leqslant i \leqslant n$。

在储层泄气面积 $A_i$ 和单砂体权值 $C_i$ 的基础上，根据式（3-4）计算得到单砂体泄气面积 $A_i$：

$$A_i = C_i \cdot A \tag{3-4}$$

然后，进一步根据式（3-5）计算得到单砂体泄气半径 $R_i$：

$$R_i = \sqrt{C_i \cdot A / \pi} \tag{3-5}$$

图 3-2 是计算的 $S_1^1$ 和 $S_1^2$ 有效砂体泄气半径及其分布，由图 3-2 可知，有效砂体的泄气范围都较为局限，给气藏开发带来困难。

因此，有必要进行储层单元研究，获取各单砂体对应的物性数据，包括孔隙度、渗透率、含气饱和度、泥质含量和泄气半径，以进行储渗单元分类及评价。需要注意的是，孔隙度、渗透率、含气饱和度、泥质含量均属于静态物性数据，只有泄气半径属于动态物性数据。众所周知，静态物性数据会随着开采工艺不断变化，很难对实际储层物性作实时反映，并且在致密砂岩储层中，优质储层和劣质储层的静态数据不能线性划分储层质量；增加泄气半径的动态数据，结合生产资料对储层的渗流特性进行定量表征，能够直观地表现一个储层的渗流能力。通过地质资料与连井分析，得到研究区的井间储渗单元分布实例，根据储渗单元的种类，匹配到井上对单砂体进行划分，得到人工分类的结果，该结果可作为具有不同属性储渗单元的训练集，以此检验不同储渗单元划分方法的合理性。

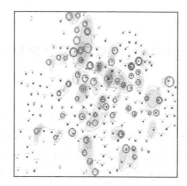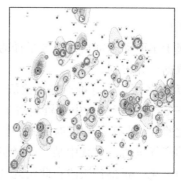

图 3-2　$S_i^1$ 和 $S_i^2$ 井间泄气半径范围投影

## 3.2　基于多参数聚类的储渗单元划分

聚类分析指的是将物理或抽象对象的集合分组为由类似的对象组成的多个类的分析过程，目的是将性质相近的事物归于一类，聚类方法对于线性关系好的储层物性数据分类能够得到较好的结果。

### 3.2.1　聚类分析原理

聚类分析是将样品或变量进行分类，将相似性较大的样品或变量聚为一类，使得同一个类别中的样品具有较大的相似性，而不同类别之间的样品具有较大的差异性。给定一个对象集合 $X=\{x_1, x_2, \cdots, x_n\}$，假设每个对象 $x_i$，$i=1$，$\cdots$，$n$ 含有 $m$ 个特征，在此用向量的方式来表示对象的特征 $x_i=(l_1, l_2, \cdots, l_m)$，聚类分析的过程就是将对象集合分为由类似的对象组成的不同的类的分析过程，使得同一类对象之间的特征有一定的相似程度。聚类的结果用 $C=\{c_1, c_2, \cdots, c_k\}$ 表示，则聚类结果满足以下条件：$c_i \neq \phi$，$i=1$，$\cdots$，$k$；$\bigcup_{i=1}^{k} c_i = X$；$c_i \cap c_j \neq \phi$，$i \neq j$；$i, j=1$，$\cdots$，$k$。模糊聚类的结果没有上面的约束条件，模糊聚类主要是将每个对象分配到与其相似程度最大的类别。

在进行聚类分析时首先通过式(3-6)与式(3-7)对原始数据进行标准化：

$$X'_{ij}=\frac{X_{ij}-\overline{X_i}}{S_i}(i=1, \cdots, n; j=1, \cdots, m) \tag{3-6}$$

$$\overline{X_i}=\frac{1}{n}\sum_{j=1}^{m} X_{ij} \quad S_i=\sqrt{\frac{1}{n-1}\sum_{j=1}^{m}(X_{ij}-\overline{X_i})^2} \tag{3-7}$$

通过以上公式对变量 $i$ 标准化以后数据 $\{X'_{ij}\}$ 中的每个变量的平均值为 0，标准差为 1，且与变量的量纲没有关系。

经典聚类方法可分为两大类：层次聚类法与非层次聚类法。非层次聚类法中，以 $K$-均值聚类法最为常用。

$K$-均值聚类法是先随机选取 $K$ 个对象作为聚类中心，然后根据每个对象与聚类中心距离的不同将其分配给最近的聚类中心，然后进行迭代将对象不断地分配给不同的聚类中心，直到最后满足一定的条件为止。

（1）指定需要聚类的类别数量。

（2）随机选择 $K$ 个对象作为每个类别的初始聚类中心。

（3）逐一计算每个对象与初始聚类中心的距离，根据距离的大小将每个对象分配给不同的聚类中心，等所有对象都分配完成后，再重新计算聚类中心。

（4）按照新的聚类中心，重新计算各对象和新的聚类中心的距离，并重新进行归类，更新聚类中心。

（5）重复步骤(4)，直到达到一定的收敛标准。

### 3.2.2 聚类划分结果

选取了神木气田双 3 区块山西-太原组数据点用统计分析软件 SPSS 进行聚类分析，把所有的单砂体分为 3 类：即一类储渗单元、二类储渗单元、三类储渗单元。聚类参数有孔隙度、渗透率、泥质含量、含气饱和度和泄气半径，首先对全区所有数据进行标准化，然后再利用 $K$-均值聚类法进行统一聚类分析，避免因为各类参数量纲的不同影响聚类分析的结果（图 3-3）。

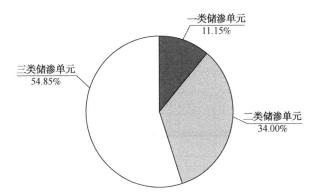

图 3-3　$K$-均值聚类法分类结果

将全区数据点的孔隙度、渗透率、泥质含量、含气饱和度和泄气半径这 5 种参数使用 Zscore 标准化，这种方法是基于原数据的均值和标准差进行数据的标准化。

新数据＝（原数据−均值）/标准差

利用 SPSS 软件进行 $K$-均值聚类可以得到标准化后的聚类中心，然后根据标准化公式，可以得到神木气田双 3 区块山西-太原组 $K$-均值聚类分析各类储渗单元聚类中心（表 3-2）。

表 3-2　$K$-均值聚类分析各类储渗单元聚类中心

| 储渗单元类型 | 孔隙度/% | 渗透率/$10^{-3}\mu m^2$ | 泥质含量/% | 含气饱和度/% | 泄气半径/km |
|---|---|---|---|---|---|
| 一类储渗单元 | 10.23 | 0.88 | 11.88 | 61.24 | 0.31 |
| 二类储渗单元 | 7.42 | 0.37 | 11.28 | 62.26 | 0.28 |
| 三类储渗单元 | 6.91 | 0.22 | 17.49 | 46.93 | 0.20 |

根据上述储渗单元划分方法和标准，对神木气田双 3 区块山西-太原组 1106 个数据点进行了储渗单元划分。其中一类储渗单元占 11.15%，二类储渗单元占 34.00%，三类储渗单

元占 54.85%(图 3-4)。

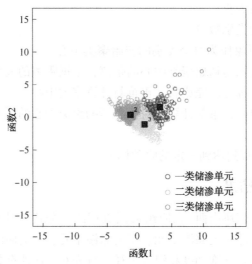

图 3-4 $K$-均值聚类分析储渗单元分类区间

$K$-均值聚类分析各类储渗单元分类参数如表 3-3 所示。

表 3-3 $K$-均值聚类分析各类储渗单元分类参数

| 分类结果 | | 一类储渗单元 | 二类储渗单元 | 三类储渗单元 |
|---|---|---|---|---|
| 孔隙度/% | 最小值 | 7.81 | 4.04 | 3.24 |
| | 最大值 | 14.87 | 9.51 | 9.83 |
| | 平均值 | 10.23 | 7.42 | 6.91 |
| 渗透率/$10^{-3}\mu m^2$ | 最小值 | 0.33 | 0.07 | 0.03 |
| | 最大值 | 3.43 | 0.61 | 0.67 |
| | 平均值 | 0.88 | 0.37 | 0.22 |
| 泥质含量/% | 最小值 | 4.08 | 3.65 | 5.07 |
| | 最大值 | 21.59 | 22.55 | 35.63 |
| | 平均值 | 11.88 | 11.28 | 17.49 |
| 含气饱和度/% | 最小值 | 36.28 | 36.07 | 24.69 |
| | 最大值 | 83.77 | 85.64 | 74.40 |
| | 平均值 | 61.24 | 62.26 | 46.93 |
| 泄气半径/km | 最小值 | 0.16 | 0.13 | 0.10 |
| | 最大值 | 0.49 | 0.67 | 0.46 |
| | 平均值 | 0.31 | 0.28 | 0.20 |

一类储渗单元：储存性能和渗透性能最好。孔隙度高，渗透率好，孔隙度为 7.81% ~ 14.87%，平均孔隙度为 10.23%；渗透率为(0.33 ~ 3.43)×$10^{-3}\mu m^2$，平均渗透率为 0.88× $10^{-3}\mu m^2$；泥质含量为 4.08% ~ 21.59%，平均泥质含量为 11.88%；含气饱和度为 36.28% ~ 83.77%，平均含气饱和度为 61.24%；泄气半径为 0.16 ~ 0.49km，平均泄气半径为 0.31km。

二类储渗单元：储存性能和渗透性能较好。孔隙度较高，渗透率较好，孔隙度为 4.04% ~ 9.51%，平均孔隙度为 7.42%；渗透率为(0.07 ~ 0.61)×$10^{-3}\mu m^2$，平均渗透率为

$0.37 \times 10^{-3} \mu m^2$；泥质含量为 $3.65\% \sim 22.55\%$，平均泥质含量为 $11.28\%$；含气饱和度为 $36.07\% \sim 85.64\%$，平均含气饱和度为 $62.26\%$；泄气半径为 $0.13 \sim 0.67 km$，平均泄气半径为 $0.28km$。

三类储渗单元：储存性能和渗透性能较差。孔隙度较低，渗透率较差，孔隙度为 $3.24\% \sim 9.83\%$，平均孔隙度为 $6.91\%$；渗透率为 $(0.03 \sim 0.67) \times 10^{-3} \mu m^2$，平均渗透率为 $0.22 \times 10^{-3} \mu m^2$；泥质含量为 $5.07\% \sim 35.63\%$，平均泥质含量为 $17.49\%$；含气饱和度为 $24.69\% \sim 74.40\%$，平均含气饱和度为 $46.93\%$；泄气半径为 $0.10 \sim 0.46 km$，平均泄气半径为 $0.20km$。

## 3.3  基于支持向量机的储渗单元划分

在致密砂岩储层中，储层具有低孔隙度、低渗透率的特点，物性数据的线性关系不好，在利用聚类分析方法时，可能造成优质储层与劣质储层分类混淆。因此选取一个能够对储渗单元进行非线性划分的方法非常有必要。本书选择支持向量机方法进行储渗单元划分，并将支持向量机方法与聚类分析方法进行准确率对比，为研究区储渗单元划分奠定基础。

### 3.3.1  支持向量机原理

支持向量机（SVM）是一种新型的分类方法（图3-5），它的基本思想是利用向量内积的回旋，通过将非线性核函数并问题变为一个高维的特征空间与一个低维输入空间的相互转换，解决了数据挖掘中的维数灾难。由图3-5可以看出，在线性可以分离的情况下，建立由 $x$ 的各个分量的线性组合而成的线性判别函数将"+"和"-"两类训练样本用分界面 $H$ 分开。$H_1$ 和 $H_2$ 是分别过两类样本中离分界面最近的点且平行于分界面的平面。在两类问题的模型中，根据最大间隔原则，选择使训练集对线性函数的集合间隔（图3-5中 $M$）最大。因此为了获取最优解，使得支持向量机具有较好的泛化能力，不能选取图3-5中的 $H'$ 作为分界线。

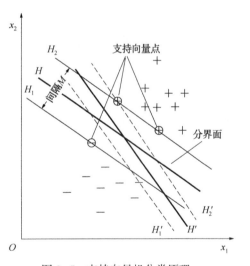

图3-5  支持向量机分类原理

设样本集为 $\{(X_1, y_1), \cdots, (X_N, y_N)\}$，其中 $X_i \in R^d$（数据为 $d$ 维），$y \in \{-1.1\}$，$i = 1, 2, \cdots, n$，类别 $y$ 被分为正样本子集 $X^+$ 和负样本子集 $X^-$，并且这两个子集对于超平面是可以分离的，其条件是，存在一个单位向量 $\phi(\|\phi\| = 1)$ 和常数 $c$，使得式（3-8）成立：

$$\begin{cases} \langle X^+ \cdot \phi \rangle \\ \langle X^- \cdot \phi \rangle \end{cases} \tag{3-8}$$

对于任何单位向量 $\phi$，确定两个值，下式：

$$\begin{cases} c_1(\phi) = \min \langle X^+ \cdot \phi \rangle \\ c_2(\phi) = \max \langle X^- \cdot \phi \rangle \end{cases} \tag{3-9}$$

找到一个 $\phi$，使得式(3-10)达到最大:

$$r(\phi) = \frac{c_1(\phi) - c_2(\phi)}{2}, \quad \|\phi\| = 1 \tag{3-10}$$

通过式(3-11)得到向量 $\phi$ 和常数 $c_0$:

$$c_0 = \frac{c_1(\phi) + c_2(\phi)}{2} \tag{3-11}$$

支持向量机学习的结果是找到最优分类面以区分不同类型的样本向量,超平面上最接近分类面并且过两种样本的点且平行于最优分类面的训练样本,就是支持向量。

等价于:找到一个向量 $W^*$ 和常数 $b^*$,并使它们满足约束条件:

$$\begin{cases} \langle X^+ \cdot W^* \rangle + b^* \geqslant 1 \\ \langle X^- \cdot W^* \rangle + b^* \leqslant -1 \end{cases} \tag{3-12}$$

向量 $W^*$ 具有最小范数:

$$\min \rho(W) = \frac{1}{2} \| W^* \|^2 \tag{3-13}$$

此时判别函数为式(3-14):

$$f(X) = W^* \cdot X + b^*$$
$$\begin{cases} 若 f(X) > 0, \ 则 X \in X^+ \\ 若 f(X) < 0, \ 则 X \in X^- \end{cases} \tag{3-14}$$

因此,在线性约束条件下,将找到最优超平面的问题转化为最小化二次型问题,引入拉格朗日乘子法求解,拉格朗日方程为:

$$L(W, a, b) = \frac{1}{2} \| W \|^2 - \sum_{i-1}^{n} a_i \{ y_i (\langle X_i \cdot W \rangle + b) - 1 \} \tag{3-15}$$

式中 $a_i \geqslant 0$ 为拉格朗日乘子。对 $W$ 和 $b$ 求偏微分得:

$$\begin{cases} \dfrac{\partial L(W, a, b)}{\partial W} = W - \sum_{i-1}^{n} y_i a_i X_i = 0 \\ \dfrac{\partial L(W, a, b)}{\partial b} = - \sum_{i-1}^{n} y_i a_i = 0 \end{cases} \tag{3-16}$$

得到:

$$\begin{cases} W = \sum_{i-1}^{n} y_i a_i X_i \\ \sum_{i-1}^{n} y_i a_i = 0 \end{cases} \tag{3-17}$$

最终得到其目标函数:

$$\max H(a) = \sum_{k-1}^{n} a_k - \frac{1}{2} \sum_{i-1}^{n} \sum_{j-1}^{n} a_i a_j y_i y_j \langle X_i, X_j \rangle \tag{3-18}$$

为了构造最优超平面,在 $a_i \geqslant 0$, $i = 1, 2, \cdots, N$ 且满足式(3-17)的条件下,对式(3-18)求解,得到 $a_i^* \geqslant 0$, $i = 1, 2, \cdots, N$,代入式(3-19),得到向量 $W^*$:

$$W^* = \sum_{i-1}^{n} y_i a_i^* X_i \tag{3-19}$$

最优解 $a^*$ 必须满足：

$$a^*[y_i(\langle W^* \cdot X_i \rangle + b^*) - 1] = 0, \quad i = 1, \cdots, N \tag{3-20}$$

由二次规划算法求得 $a^*$ 和 $W^*$ 最优解，选取一个支持向量 $X_i$，可求得 $b^*$：

$$b^* = y_i - \langle X_i \cdot X \rangle \tag{3-21}$$

得到最优化判别函数最终表达形式：

$$f(X) = \sum_{i-1}^{n} y_i a_i^* (X_i \cdot X) + b^* \tag{3-22}$$

当两个样本不能线性分离时，原始数据经过非线性映射 $\varphi: R^d \rightarrow H$ 映射到高维空间 $H$ 中，需要找到一个函数 $k$，使得 $k(X_i, Y_i) = \langle \varphi(X_i), \varphi(Y_i) \rangle$，然后在高维空间进行线性分类计算，此时目标函数变为：

$$\max H(a) = \sum_{k-1}^{n} a_k - \frac{1}{2} \sum_{i-1}^{n} \sum_{j-1}^{n} a_i a_j y_i y_j k \langle X_i, X_j \rangle \tag{3-23}$$

相应地，判别函数变为：

$$f(X) = \sum_{i-1}^{n} a_i^* y_i k(X_i \cdot X) + b^* \tag{3-24}$$

### 3.3.2 支持向量机划分

根据支持向量机方法的分类原理，需要以准确的训练数据为基础，此处训练数据为人工分类的结果，作为划分的规则，其研究思路如图 3-6 所示。将支持向量机作为储渗单元划分方法和标准，选取 30 口井的取样点作为训练集，其他井样品点作为测试集，对神木气田双 3 区块山西-太原组进行了储渗单元划分。其中一类储渗单元占 28.57%，二类储渗单元占 27.40%，三类储渗单元占 44.03%。图 3-7 是支持向量机的预测分类结果。

支持向量机分类各类储渗单元参数如表 3-4 所示。

图 3-6　支持向量机研究思路

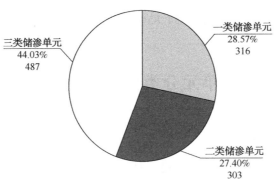

图 3-7　支持向量机的预测分类结果

表 3-4　支持向量机分类各类储渗单元参数

| 分类结果 | | 一类储渗单元 | 二类储渗单元 | 三类储渗单元 |
|---|---|---|---|---|
| 孔隙度/% | 最小值 | 4.24 | 3.23 | 3.54 |
| | 最大值 | 14.27 | 11.33 | 12.89 |
| | 平均值 | 7.92 | 6.94 | 7.48 |
| 渗透率/$10^{-3}\mu m^2$ | 最小值 | 0.13 | 0.03 | 0.03 |
| | 最大值 | 2.33 | 3.43 | 1.69 |
| | 平均值 | 0.47 | 0.25 | 0.32 |
| 泥质含量/% | 最小值 | 3.65 | 5.07 | 4.92 |
| | 最大值 | 22.57 | 31.98 | 35.63 |
| | 平均值 | 11.49 | 16.81 | 15.56 |
| 含气饱和度/% | 最小值 | 35.35 | 24.69 | 25.48 |
| | 最大值 | 83.77 | 79.27 | 85.64 |
| | 平均值 | 63.19 | 42.20 | 54.85 |
| 泄气半径/km | 最小值 | 0.10 | 0.10 | 0.10 |
| | 最大值 | 0.57 | 0.67 | 0.48 |
| | 平均值 | 0.28 | 0.21 | 0.22 |

一类储渗单元：储存性能和渗透性能最好。孔隙度高，渗透率好，孔隙度为 4.24%～14.27%，平均孔隙度为 7.92%；渗透率为（0.13～2.33）×$10^{-3}\mu m^2$，平均渗透率为 0.47×$10^{-3}\mu m^2$；泥质含量为 3.65%～22.57%，平均泥质含量为 11.49%；含气饱和度为 35.35%～83.77%，平均含气饱和度为 63.19%；泄气半径为 0.10～0.57km，平均泄气半径为 0.28km。

二类储渗单元：储存性能和渗透性能较好。孔隙度较高，渗透率较好，孔隙度为 3.23%～11.33%，平均孔隙度为 6.94%；渗透率为（0.03～3.43）×$10^{-3}\mu m^2$，平均渗透率为 0.25×$10^{-3}\mu m^2$；泥质含量为 5.07%～31.98%，平均泥质含量为 16.81%；含气饱和度为 24.69%～79.27%，平均含气饱和度为 42.20%；泄气半径为 0.10～0.67km，平均泄气半径为 0.21km。

三类储渗单元：储存性能和渗透性能较差。孔隙度较低，渗透率较差，孔隙度为 3.54%～12.89%，平均孔隙度为 7.48%；渗透率为（0.03～1.69）×$10^{-3}\mu m^2$，平均渗透率为 0.32×$10^{-3}\mu m^2$；泥质含量为 4.92%～35.63%，平均泥质含量为 15.56%；含气饱和度为 25.48%～85.64%，平均含气饱和度为 54.85%；泄气半径为 0.10～0.48km，平均泄气半径为 0.22km。

# 3.4　不同方法储渗单元分类检验

## 3.4.1　单井对比结果

选取 2 口井 13 个数据点，根据邻井追踪对比和地质认识，人工划分这 13 个数据点的储渗单元类型，并将划分结果与 $K$-均值聚类分类结果和支持向量机分类结果进行对比分析（图 3-8）。

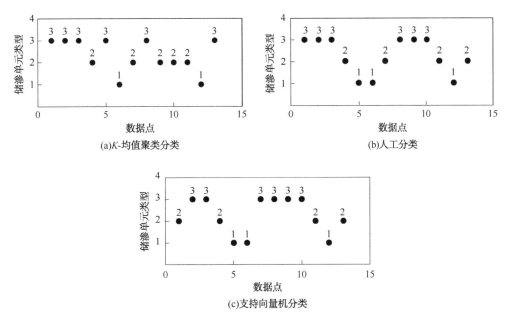

(a)K-均值聚类分类

(b)人工分类

(c)支持向量机分类

图3-8　2口井数据点分类结果对比

由图3-9可知，2口井13个数据点的$K$-均值聚类与人工划分的相同率为69.2%，而支持向量机与人工划分的相同率为84.6%。

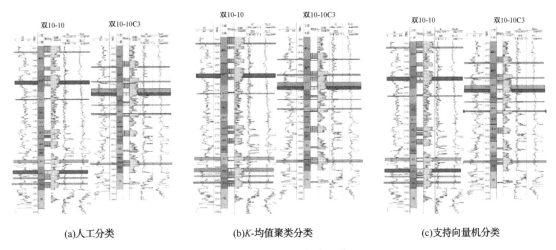

(a)人工分类　　　　　(b)K-均值聚类分类　　　　　(c)支持向量机分类

图3-9　2口井数据点分类结果单井对比

### 3.4.2　连井对比分析

选取双7-11C2～双10-8井顺物源剖面，然后根据地质认识及相关解释结论，人工划分双7-11C2～双10-8井剖面的储渗单元。双7-11C2～双10-8井这一顺物源剖面位于研究区中西部，在研究区多个小层中均发育有砂体且连续性较好，能够较好地对比显示储渗单元的划分结果。

然后将$K$-均值聚类分类结果与支持向量机分类结果代入双7-11C2～双10-8井剖面，得到剖面图3-10～图3-15。$K$-均值聚类与人工划分的相同率为62.5%，支持向量机与人工划分的相同率为88.8%。

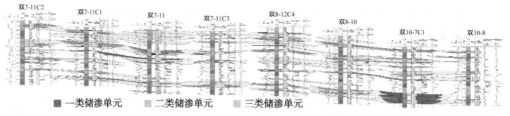

■ 一类储渗单元　　■ 二类储渗单元　　■ 三类储渗单元

图 3-10　储渗单元人工划分(纵剖面)

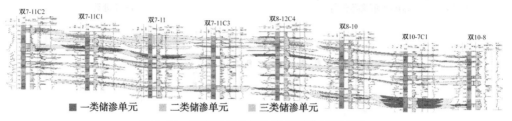

■ 一类储渗单元　　■ 二类储渗单元　　■ 三类储渗单元

图 3-11　储渗单元支持向量机划分(纵剖面)

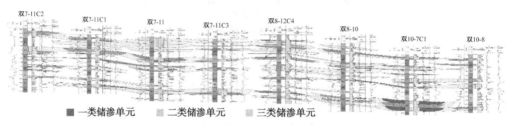

■ 一类储渗单元　　■ 二类储渗单元　　■ 三类储渗单元

图 3-12　储渗单元聚类划分(纵剖面)

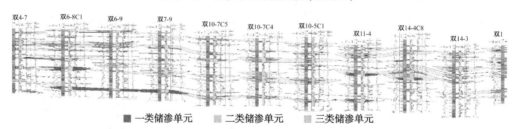

■ 一类储渗单元　　■ 二类储渗单元　　■ 三类储渗单元

图 3-13　储渗单元人工划分(横剖面)

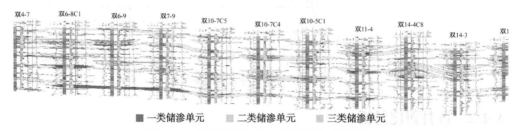

■ 一类储渗单元　　■ 二类储渗单元　　■ 三类储渗单元

图 3-14　储渗单元支持向量机划分(横剖面)

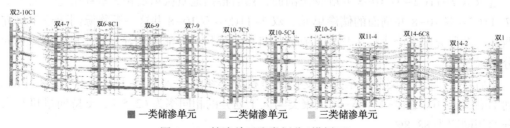

■ 一类储渗单元　　■ 二类储渗单元　　■ 三类储渗单元

图 3-15　储渗单元聚类划分(横剖面)

垂直物源剖面也具有类似的结论。由此可见，支持向量机的储渗单元分类结果相对于 $K$-均值聚类的储渗单元分类结果来说，更加合理，更符合地质认识，与气层和差气层的解释结论也有较好的对应性，因此本书将支持向量机的储渗单元分类结果作为最终储渗单元类型划分的结果。

## 3.5　储渗单元分布特征

　　由于储渗单元的分布有自己一定的范围，各种储渗单元在平面上的变化和组合在部分区域有一定的连续性，因此本书采用支持向量机的储渗单元划分结果，将每个井每个小层的划分结果投射到平面上，然后建立顺物源与垂直物源的剖面进行邻井追踪，逐层对比，确定各类储渗单元在各个小层的详细的分布范围，保证划分结果的合理性与准确性。研究区山西-太原组共发育 9 个小层，对 9 个小层的储渗单元进行详细的划分，得到储渗单元平面分布图如图 3-16~图 3-23 所示。

　　山$_1^1$ 小层(图 3-16)。该小层以三类储渗单元和二类储渗单元为主，分布较广，呈土豆状分布。一类储渗单元分布较少，仅在研究区东部 10-21 井和 10-18C5 井周围分布，且这类储渗单元砂体较厚。

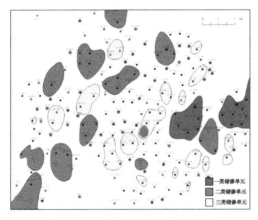

图 3-16　山$_1^1$ 小层储渗单元平面图

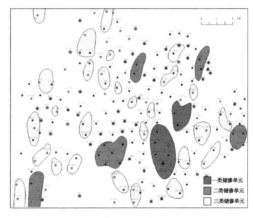

图 3-17　山$_1^2$ 小层储渗单元平面图

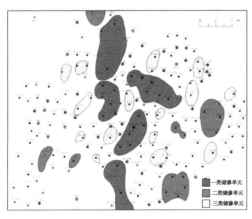

图 3-18　山$_1^3$ 小层储渗单元平面图

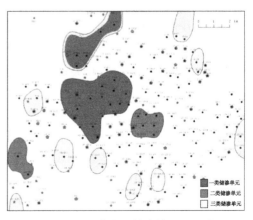

图 3-19　山$_2^1$ 小层储渗单元平面图

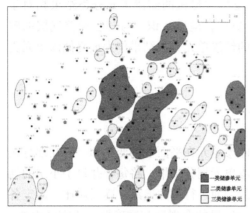

图 3-20　山$_2^2$ 小层储渗单元平面图

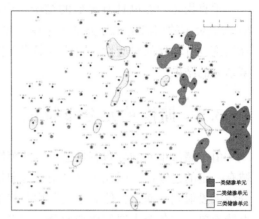

图 3-21　太$_1$ 小层储渗单元平面图

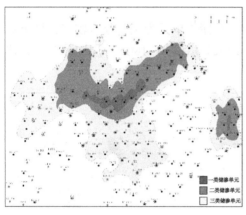

图 3-22　太$_2^1$ 小层储渗单元平面图

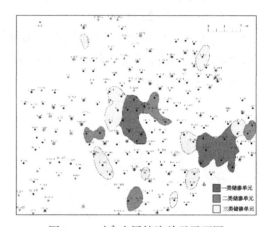

图 3-23　太$_2^2$ 小层储渗单元平面图

山$_1^2$ 小层(图 3-17)。该小层以三类储渗单元为主,分布范围较广,遍布全区,但连片性较差。二类储渗单元和一类储渗单元分布较少,其中一类储渗单元仅在研究区中东部 13-15C2 井和 10-18 井周围分布。

山$_1^3$ 小层(图 3-18)。该小层以一类储渗单元为主,主要在研究区中部砂体较厚区域呈豆荚状分布。三类储渗单元分布范围较广但分布区域较小,呈土豆状分布。二类储渗单元分布在研究区四周边缘区域。

山$_2^1$ 小层(图 3-19):该小层三类储渗单元呈土豆状分布,范围较广。二类储渗单元仅在研究区中部 11-15 井周围及研究区西部边缘 14-3C7 井周围分布。一类储渗单元在研究区中部及中北部呈片状分布。

山$_2^2$ 小层(图 3-20)。该小层储渗单元分布范围较广,其中三类储渗单元呈土豆状遍布全区,二类储渗单元主要分布在研究区南部及东部边缘,一类储渗单元主要分布于研究区中部 11-15C1 井及 9-12C2 井周围。

山$_2^3$ 小层。该小层几乎没有储渗单元分布。

太$_1$ 小层(图 3-21)。该小层储渗单元主要分布于研究区东部,其中一类储渗单元分布于研究区东部边缘 11-22 井周围,二类储渗单元分布于研究区中东部,三类储渗单元大部分呈土豆状沿分流河道走向分布于研究区中西部。

太$_2^1$小层(图 3-22)。该小层以三类储渗单元为主,分布范围较广,连片性较好。二类储渗单元主要分布于研究区中部及东部边缘,一类储渗单元呈豆荚状分布于二类储渗单元中心位置。

太$_2^2$小层(图 3-23)。该小层储渗单元主要在研究区中部及东部呈片状分布,在研究区中南部及中北部有三类储渗单元零星呈土豆状分布。就分布面积而言,一类储渗单元分布面积最广,二类储渗单元相对较少。

# 第4章 储渗单元地质建模技术

## 4.1 神木双3区块训练图像生成

训练图像是多点地质统计学建模的核心，是包含整个地质认识的先验模型，为了更好地体现地质体的空间结构特点，本书针对研究区储渗单元实际，提出了一种新的训练图像生成方法，以实际区单一小层砂体厚度图及有效砂体厚度图为基础，结合地质连通体模式，建立本工区各个小层特有储层结构(主要是河道砂体的叠置样式和有效含气砂体的连通性)与分布趋势的训练图像。

该方法将砂体厚度图均分为与工区网格平面面积相等且网格密度相等的平面网格，并将平面网格的砂厚属性赋值到工区网格的每一层平面上，然后将工区网格上的砂厚属性转化为网格层数属性，并将其与垂向坐标进行判断比较，得到宽河道模型。

将宽河道模型进行缩小和移动拼合后得到顶平底凸的单河道模型，将单河道模型进行侧向平移或垂向移动后得到迁移后的单河道模型，将多条单河道进行合并得到多河道模型。

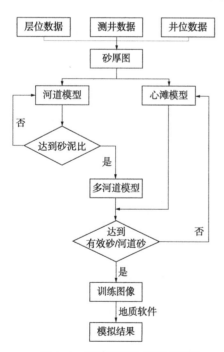

图4-1 训练图像生成技术路线

将砂厚图中的砂体厚度值均进行缩小，得到有效砂体砂厚图，然后将有效砂体砂厚图均分为与工区网格平面面积相等且网格密度相等的平面网格，并将平面网格的砂厚属性赋值到工区网格的每一层平面上，最后将工区网格上的砂厚属性转化为与网格层数相关的新属性，并将其与垂向坐标进行判断比较，得到有效砂体模型(图4-1)。

具体针对研究区，通过下列复杂变换进行训练图像获取。

第一步：从岩心数据出发，结合现代露头资料研究和沉积学理论，该区存在三种相：有效砂体、河道、洼地与沼泽。可以确定研究区沉积砂体的地质特征。河道相与河道相之间在平面上呈紧密结合连片分布，分布规模在0.51~5km，在垂向上河道与河道之间有不同类型接触关系(图4-2)，主要有侧向拼接型、垂向叠加型、垂向分离型、侧向分离型以及复合型等，河道相所占比例为57.45%，单个河道平面规模为0.2~0.6km，厚度为3~10m，叠置部位分布厚度为1~23.6m。

河道相与有效砂体的组合关系为有效砂体一定在河道之中。有统计表明，有效砂体所占比例为31.91%，单个有效砂体平面规模为0.15~0.3km，厚度为2~8m，平面分布规模为0.3~0.5km，厚度范围为1.1~1.6km。

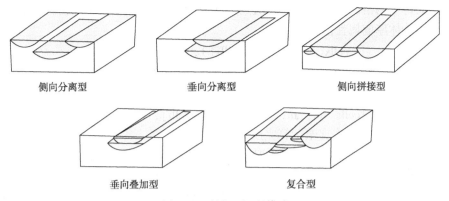

图 4-2　研究区沉积模式

第二步：已知有效砂体在平面上顺物源方向呈长椭圆形，而在垂向上呈顶平底凸；河道相在平面上呈连续的长条形，而在垂向上呈顶平底凸。

第三步：在整个井点数据中的河道相与有效砂体的概率比例分布为：河道相占总砂体含量的 57.45%、有效砂体占总砂体含量的 31.91%。通过沉积学知识确定物源方向为南北方向，得到各沉积相的长轴方位角为正南北向。

第四步：以地质建模软件为工具，导入研究区井点井位数据、井轨迹数据、测井数据、分层数据，通过数据差值批量计算得到每口井的地层厚度值与砂体厚度值，以双 10-10 井为例，输入井位数据确定井的平面位置，坐标为（28000，1645020）；井轨迹数据确定井地下物理轨迹，是一个曲线井（井轨迹弯曲）；通过测井数据可知每一个砂层的顶部和底部的深度，确定井上砂岩的顶底后，通过顶部和底部高度的差值计算出砂体厚度；分层数据可界定砂岩层所在层位，如山西组顶部深度为-1435m，底部深度为-1456m，并通过层位顶底深度差值计算双 10-10 井处层厚为 21m，以此方法计算该研究区所有井处不同层段的各砂体厚度。

第五步：根据第四步计算所得地层厚度值与砂体厚度值，以河流沉积理论为指导，即第一步中河道和有效砂体的规模以及第二步中河道在平面上为连续长条形、有效砂体在平面上为长椭圆形的认识，以平面沉积相图、砂体厚度图为参考进行赋值。

第六步：对研究区的井进行剖面对比，以测井解释结论数据为基础，得到构型解剖剖面，例如选取双 7-11C2 井、双 7-11C1 井、双 7-11 井、双 7-11C3 井、双 8-12C4 井、双 8-10 井、双 10-7C1 井，作连井剖面。

第七步：通过地质建模软件的制图功能，以第六步所得沉积相图为约束条件，绘制出相边界；以第四步中砂体厚度值及地层厚度值为基础数据，得到各井位处砂厚与地层厚度的比值，在河道边界约束下绘制砂地比图。

第八步：通过前述过程所得图件、参数及地质认识，建立符合地质知识库以及井点条件数据的有效砂体网格模型。具体操作（相关参数及算符与建模软件一致）步骤如下：

（1）空间网格模型中单个网格具有空间坐标属性[I，J，K]（空间平面横坐标为 I，空间平面纵坐标为 J，空间垂向坐标为 K），例如：定义单个网格坐标为 cellx[Im，Jn，Kq]，cellx 为单个网格属性值，将砂体厚度图以 50m×50m 的网格进行划分，得到密度为 294×249 的平面网格（与原模型 XY 平面上的网格密度相同），定义每一个网格 celly[Ia，Jb]，celly 为砂体厚度属性；由于砂体厚度图面积与模型平面面积相等，网格密度相同，因此可通过以下

· 53 ·

公式将平面上每个网格砂体厚度属性赋值到空间模型的平面上，得到砂体厚度属性模型，且模型的每个层砂体厚度属性值相同：

$$\begin{cases} \text{cellx}[1,\ 1,\ Kq]=\text{celly}[1,\ 1],\ 1\leqslant Kq\leqslant 24 \\ \text{cellx}[1,\ 2,\ Kq]=\text{celly}[1,\ 2],\ 1\leqslant Kq\leqslant 24 \\ \qquad\qquad\qquad\vdots \\ \text{cellx}[Im,\ Jn,\ Kq]=\text{celly}[Ia,\ Jb],\ 1\leqslant Kq\leqslant 24 \end{cases}$$

其中，$Im=Ia$，$Jn=Jb$。直至运算完所有网格。

（2）定义相代码为 0 的网格属性为泥岩相、相代码为 1 的网格属性为砂岩相，相代码为 2 的网格属性为有效砂体；使用计算器对模型属性进行计算，通过计算公式将各网格垂直空间坐标与砂体厚度属性进行换算，首先将砂体厚度属性转化为网格层数属性（1m 等于两层，一层为 0.5m 厚；网格厚度属性为 10m 处，转化为层数属性 20 层），然后设置条件：当网格空间坐标 K 值大于层数属性时，这些符合条件的网格定义为砂；当网格空间坐标 K 值小于等于层数属性时，这些符合条件的网格定义为泥；如此符合砂体厚度图的宽河道模型就形成了。计算过程如下：

$$\text{cellx}[Im,\ Jn,\ Kq]>(Kq\times 2),\ \text{cellx}[Im,\ Jn,\ Kq]=1$$
$$\text{cellx}[Im,\ Jn,\ Kq]<(Kq\times 2),\ \text{cellx}[Im,\ Jn,\ Kq]=0$$

（3）当模型网格属性值大于网格空间垂向坐标 K 值的 2 倍（单位 K 值为 0.5m，砂厚为 1m），则此网格属性赋值为 1，否则赋值为 0，如此得到顶平底凸的河道砂体模型。对模型属性值为 1 的网格坐标进行计算，空间平面横坐标 I 进行加减运算，则属性值为 1 的河道在平面横向上迁移；空间垂向坐标 K 值进行加减运算，则属性值为 1 的河道在垂向上迁移；将迁移的不同空间位置属性为 1 的河道进行合并计算，得到多河道叠加样式的河道模型。例如：由于生成的宽河道模型只是砂体厚度图形成，而模型实际效果应该是多个单河道的垂向叠加和侧向拼接，而砂体厚度是一个综合信息，只能体现叠加后的砂体厚度，不能体现砂体的组合叠加模式。所得模型仅仅是一个宽大的顶平底凸的长条状河道，因此要对该河道缩小操作后进行移动拼合，以得到多个顶平底凸的长条状河道（单河道）组成的空间模式关系：

$$\text{cellx}[Im,\ Jn,\ Kq]=\text{cellx}[Im+2,\ Jn,\ Kq]$$

向 I 方向移动 2 个网格（向左移动 1m）：

$$\text{cellx}[Im,\ Jn,\ Kq]=\text{cellx}[Im,\ Jn,\ Kq+2]$$

向 K 方向移动 2 个网格（向上移动 1m）可调整河道厚度及宽度，达到第一步的单河道规模。

由于不满足砂泥比，则对达到单河道规模的河道模型网格继续运算：

$$\text{cellx}[Im,\ Jn,\ Kq]=\text{cellx}[Im,\ Jn,\ Kq-4]$$

仅对 K>4 的层进行运算，即向下移动 2m，得到网格 1。

对于网格 1 中，$\text{cellx}[Im,\ Jn,\ Kq]=1$ 时网格仍不满足砂泥比，则将网格 1 中的河道砂体向右移 3m，得到网格 2。对于网格 2，$\text{cellx}[Im,\ Jn,\ Kq]=1$，保留河道模型网格 2 中的河道，此时可能仍不满足砂泥比。

将网格 2 中的河道砂体向下移动 2m，得到网格 3。对于网格 3，$\text{cellx}[Im,\ Jn,\ Kq]=1$ 时，保留河道模型网格 3 中的河道，此时网格满足砂泥比。将网格合并，此时具有河道的叠置模式（图 4-3）。

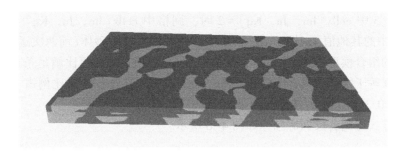

图 4-3　河道模型

（4）根据第二步可知有效砂体一定在河道中部，将砂体厚度图减去 2m（通过该操作砂体薄处消失，厚处减薄，仅剩下原砂体较厚处的多个孤立的砂厚椭圆，定义为有效砂体厚度图），然后将有效砂体厚度图的平面属性赋值到空间网格模型中，再以每一层最大 K 数（此层厚 12m，最大层数 K 为 24 层）减去模型网格空间坐标属性，得到新的网格模型属性值（使顶平底凸的形态倒转成顶凸底平），当新的网格属性值小于模型网格垂向空间坐标 K 值×2 时，则模型网格属性值为 2，否则为 0，如此得到顶平底凸的有效砂体模型。具体执行算法如下：

当 cellx[Im，Jn，24−Kq]>（Kq×2）时，cellx[Im，Jn，Kq]=2

当 cellx[Im，Jn，24−Kq]<（Kq×2）时，cellx[Im，Jn，Kq]=0

得到初始的有效砂体模型网格如图 4-4 所示。

图 4-4　初始有效砂体

（5）将模型进行移动：

cellx[Im，Jn，Kq]=cellx[Im+2，Jn，Kq]

向 I 方向移动 2 个网格（向左移动 1m）：

cellx[Im，Jn，Kq]=cellx[Im，Jn，Kq+16]

即向上移动 8m，达到顶部，如此得到 grid_bar_1（有效砂体 1）。

然后结合相应计算步骤（相同左右移动的步骤可以保证有效砂体在河道中心，将有效砂体顶部移到与河道顶部相同的层处），得到 grid_bar_2（有效砂体 2）、grid_bar_3（有效砂体 3）。

当 grid_bar_1 中 cellx[Im，Jn，Kq]=2 时，网格中 cellx[Im，Jn，Kq]=2，保留 cellx[Im，Jn，Kq]中的其他值（0 洼地与沼泽相、1 河道相），得到有效砂体和河道的组合模型（第一次运算；如有效砂体保留在河道模型中，但网格模型中有效砂体/河道比不满足条件，继续第二次运算）。

当 grid_bar_2 中 cellx[Im，Jn，Kq]=2 时，网格中 cellx[Im，Jn，Kq]=2，保留 cellx[Im，Jn，Kq]中的其他值[0 洼地与沼泽相、1 河道相、2 有效砂体（第一次运算）]，得到有效砂体和河道的组合模型（第二次运算，网格模型中有效砂体/河道比仍不满足条件，继续第三次运算）。

当 grid_bar_3 中 cellx[Im, Jn, Kq] = 2 时，网格中 cellx[Im, Jn, Kq] = 2，保留 cellx[Im, Jn, Kq] 中的其他值[0 洼地与沼泽相、1 河道相、2 有效砂体(前两次运算)]，得到有效砂体和河道的组合模型(第三次运算，网格模型中有效砂体/河道比满足条件)。得到了各岩相的分布频率等于统计规模(河道相比例约占 24.8%，有效砂体相比例占 8.6%，则有效砂体/河道比为 0.35，其他为洼地与沼泽相)的模型(图 4-5)。

通过相似方式得到各层训练图像如图 4-6 所示。

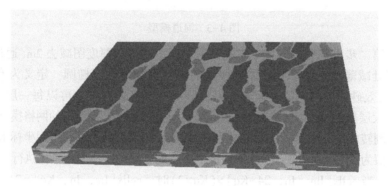

图 4-5 训练图像模型

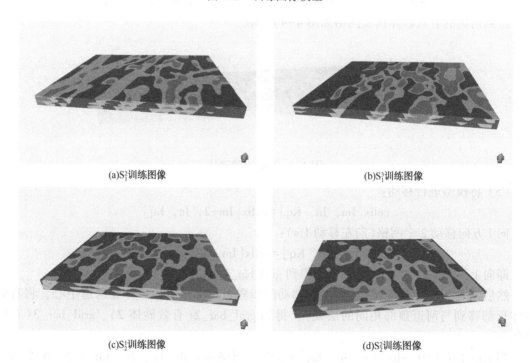

(a)$S_1^1$训练图像          (b)$S_1^2$训练图像

(c)$S_2^1$训练图像          (d)$S_2^2$训练图像

图 4-6 各层训练图像

# 4.2 神木双 3 区块储渗单元序贯指示建模

## 4.2.1 构造模型建立

在进行相模型建立前，首先要进行构造模型建立，并将相关建模数据导入。高精度的井数据和丰富的生产资料是建立精细地质模型的重要前提，建模所采用的基础数据包括井数据（井坐标、补心海拔、井轨迹数据）、分层数据、各井对应的测井数据及所计算的物性数据（包括 GR、SP、AC 等，测井曲线类型多样，资料丰富）、各井沉积相数据。

将准备数据导入 Petrel 软件中，根据工区位置与井位分布确定模型边界（图 4-7），设定网格平面密度为 50×50，盒八段（2 层）、山西组（6 层）、太原组（3 层）共 11 个层，每一小层厚 0.5m，网格总数为 22840272 个。

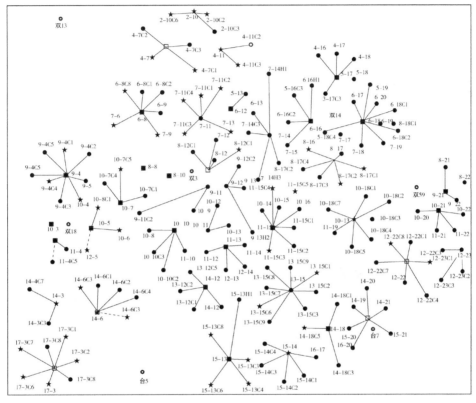

图 4-7　模型边界

首先通过层位数据建立构造面，共建立 11 个构造层面，进而建立构造模型（图 4-8~图 4-10），构造模型整体上符合地层特征，呈自北东向南西倾斜的单斜，构造起伏不大，相对平缓。

图 4-8　研究区三维构造模型

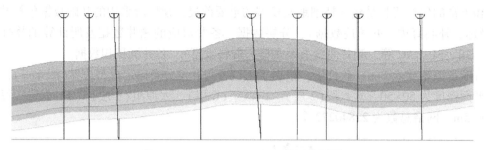

图 4-9  S10-11~S10-18C7 井过井剖面

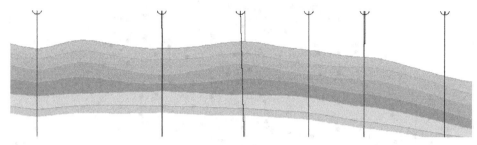

图 4-10  S7-14C2~S11-14 井过井剖面

在构造模型基础上，对沉积相进行模拟，而模拟之前需要将井上相解释数据粗化为条件点，也就是井数据的粗化。

### 4.2.2  实际区地质建模

在实际实施中，首先进行数据分析(表 4-1~表 4-3)，对工区内条件数据的变差函数进行调整，保证在主、次、垂直三个方向上的变差函数与数据拟合较好，并在沉积相解释分析结果的约束下进行相模型的生成，得到符合实际工区观测的数据。

表 4-1  S1-1 河道的变差函数参数设置

| 方向 | 方位角/(°) | 显示点数 | 滞后距/m | 搜索半径/m | 带宽/m | 容差角/(°) | 滞后距容差/m |
|---|---|---|---|---|---|---|---|
| 主方向 | 0 | 15 | 273.1 | 4096.5 | 330.1 | 22 | 125 |
| 次方向 | 270 | 15 | 261.4 | 3921 | 301.2 | 15.1 | 125 |

表 4-2  S1-1 有效砂体的变差函数参数设置

| 方向 | 方位角/(°) | 显示点数 | 滞后距/m | 搜索半径/m | 带宽/m | 容差角/(°) | 滞后距容差/m |
|---|---|---|---|---|---|---|---|
| 主方向 | 0 | 15 | 292.3 | 4384.5 | 277.3 | 44.4 | 125 |
| 次方向 | 270 | 15 | 258.8 | 3882 | 295.5 | 24.9 | 125 |

表 4-3  S1-1 变差函数拟合结果

| 相类型 | 洼地与沼泽 | 河道 | 有效砂体 | 相类型 | 洼地与沼泽 | 河道 | 有效砂体 |
|---|---|---|---|---|---|---|---|
| 编码 | 0 | 1 | 2 | 基台值 | 0.8872 | 0.8779 | 0.5332 |
| 相频率/% | 58.59 | 3.21 | 38.2 | 主变程/m | 3617.662 | 1986.254 | 3042.121 |
| 块金常数 | 0.1128 | 0.1221 | 0.4668 | | | | |

变差函数计算好之后，打开 Petrel 中的 Facies Modeling 开始做相建模，采用序贯指示建模方法，勾选每一层的变差函数，进行砂体空间分布的预测（图 4-11~图 4-14）。

图 4-11 序贯指示模拟结果

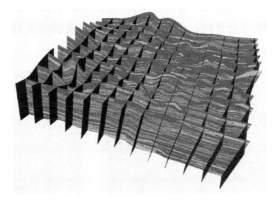

图 4-12 序贯指示模拟栅格模型

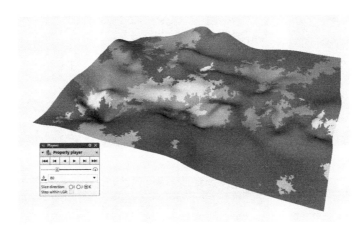

图 4-13 S$_2^1$ 砂体分布模型

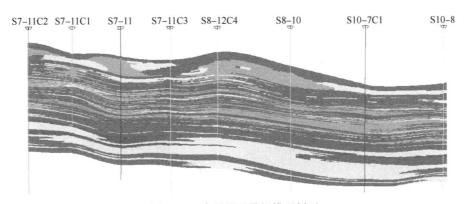

图 4-14 序贯指示模拟模型剖面

在运用序贯指示随机模拟的过程中，预测井间的砂体展布状况是通过井上的砂体数据完成的，该模拟结果在平面上无法反映河道的形态。需要考虑增加相控约束。依据前面已经完成的沉积微相平面图，增加平面相来约束序贯指示模拟。先根据沉积微相平面图生成平面数字图形，然后利用平面相直接建立仅有河道、泥炭及沼泽两相的相模型。再在该相模型的约束下，即在河道约束下，模拟有效砂体，保留洼地与沼泽，模拟得到最终相模型。

从建立的模型看，河道砂体和有效砂体整体趋势得到了反映。但局部砂体不连续，呈零星断续分布，不能反映河道连续的特征。剖面上，河道顶平底凸的特征也没有得到反映，砂体尽管连续，但形态不理想，出现很多无效零散分布的砂体，与实际砂体分布有一定的差异（图4-15、图4-16）。

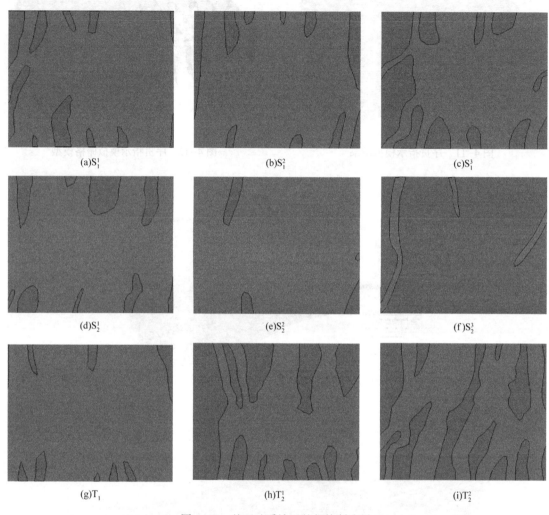

(a)$S_1^1$  (b)$S_1^2$  (c)$S_1^3$

(d)$S_2^1$  (e)$S_2^2$  (f)$S_2^3$

(g)$T_1$  (h)$T_2^1$  (i)$T_2^2$

图4-15  基于地质认识的相控制边界

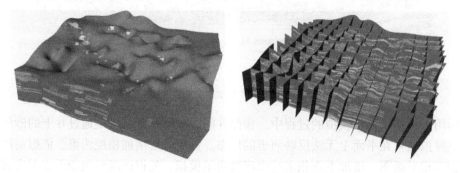

图4-16  各层相边界约束下沉积相序贯指示模型

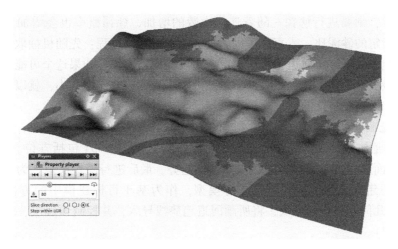

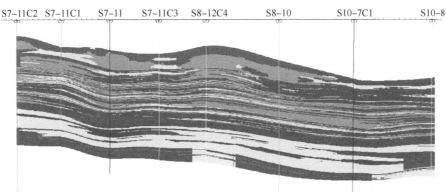

图 4-16　各层相边界约束下沉积相序贯指示模型(续)

## 4.3　神木双 3 区块储渗单元基于目标建模

基于目标的随机建模方法主要为示性点过程，是把一种特征或属性赋予过程的每个点上的一个随机过程。它通过对目标几何形态的研究，在建模过程中直接产生目标体，定义目标的不同几何形状参数(表 4-4)，真实再现储层的三维形态。

表 4-4　基于目标方法建模参数

| 相类型 | 相比例 | 波长/μm | 相对弯度/(°) | 河道宽/m | 河道数量 |
|---|---|---|---|---|---|
| 有效砂体 | 13.77 | 1000~2000 | 0.2~0.4 | 1200 | 10 |
| 河道 | 6.54 | 1000~2000 | 0.2~0.4 | 1000 | 8 |

模拟算法及建模步骤为：

(1) 抽取互相独立的河道组的数目。

(2) 进行 Ripley/Kelly 生灭过程，可定义迭代的次数。不同组之间是相互排斥的，但不考虑砂泥比。一次迭代为先随机地抽一个组，再用一个潜在的新的组替代这个组，接受这个组的概率与给定所有其他条件下这个潜在的新的概率成正比。如果这个可能的新组没有被接受，就抽取另一个可能的新组，继续这个过程，直到有一个可能的新组被接受。

(3) 利用 Metropolis 算法进行若干次迭代。利用各河道之间的排斥，如果砂泥比和给定的砂泥比不一样，则要进行惩罚。随着迭代次数的增加，惩罚概率也会增加。继续这种迭代，直到取得指定的砂泥比，或直到迭代到一定数目。迭代过程：先随机抽取一组河道，再利用一个新的组来代替这组河道，从而确定一个可能的新实现。如果这个可能的新实现比旧的更合适，就接受这个新实现。如果这个可能的新实现的概率比旧的小，就以一定概率接受这个新实现。如果这个可能的新实现没有被接受，就继续进行下一步迭代。

模拟前首先确定泥岩为背景相，利用 Petrel 软件中已有目标体形态，选择 Adaptive Channels 作为河道体。其次进行参数设置，主要为相比例、展布(包括方位、振幅、波长、相对弯度)、截面形态(河道宽、厚)，以及河道趋势。最后进行随机模拟。为更好呈现河道走向，在相模型建立之前，首先建立趋势模型，作为基于目标建模中的方向参数。利用 Petrel 软件中的几何趋势建模模块，将所画河道趋势线导入，并控制顶底层，即可生成几何趋势体(图 4-17)。

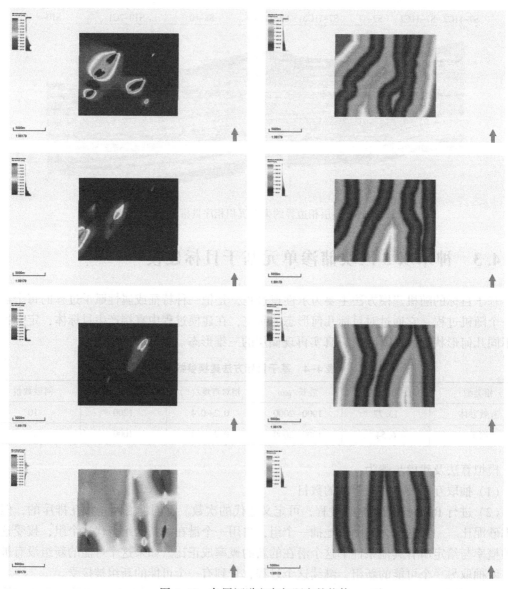

图 4-17　各层河道方向与距离趋势体

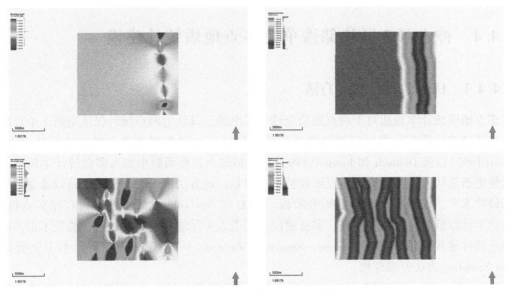

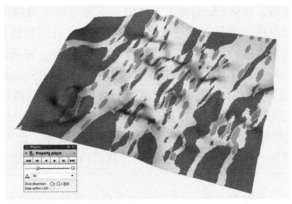

图 4-17　各层河道方向与距离趋势体(续)

　　基于目标的建模方法中，通过对地质体几何形态的定量化，统计河道与有效砂体的宽度、高度，作为目标体的生成范围，达到了符合实际工区地质体的几何参数，最终建立了形态刻画质量高的相模型。

　　从模型中看(图 4-18)，河道弯曲形态得到了很好的再现，整体呈南北向流动特征，有效砂体呈椭圆形镶嵌于河道内部。一定程度上揭示了研究区储层以及有效砂体的分布规律和特征。

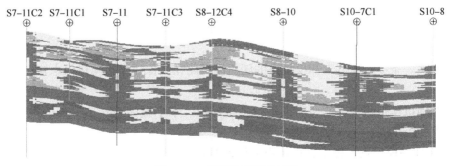

图 4-18　基于目标模拟结果

## 4.4　神木双3区块储渗单元多点地质统计建模

### 4.4.1　Direct Sampling 方法

多点地质统计学是相对于两点地质统计学提出的，其认为两点统计仅从空间2个点的相关性来描述储层形态，难以刻画弯曲连续的储层特征。因此考虑多点联合进行储层表征。Farmer(1992)以及 Deutsch 和 Journel(1992)在模拟退火目标函数中加入多点统计学信息，通过反复更新迭代，以实现储层多点统计特征。但是，该方法由于采用迭代思路以及受限于计算机硬件水平，仅停留在实验室研究阶段。2000 年 Strebelle 设计了搜索树存储多点概率，同时由于计算机硬件大幅度提高，多点建模正式进入实际油藏应用。目前，涌现了很多的多点地质统计建模算法，包括 Snesim、Simpat、Filtersim、Direct Sampling 等。本书主要采用 Direct Sampling 方法开展建模。

Direct Sampling 方法摒弃了 Snesim 采用的搜索树结构，转而以"直接抽样"方法进行序贯多点地质模拟。具体来讲，Direct Sampling 方法中，不再对训练图像进行全面搜索，也不再一次性存储所有的数据事件，而是直接进入序贯模拟阶段。在序贯模拟阶段，每次模拟都直接根据当前给定的数据事件进行训练图像扫描和数据事件匹配，并选定与给定的条件数据事件匹配的数据事件进行条件概率计算(Mariethoz, 2010)。Direct Sampling 方法在统计学原理上与传统的 MPS 方法是等同的，但能够更快速地对数据事件进行描述和对比，尤其是对于传统变量难以处理的连续变量具有较好的效果(Mariethoz, 2010；Meerschman, 2013；Mohammad, 2014)，并能够模拟多种复杂的(如非平稳)地质现象。此外，本方法具有较好的计算性能，其模拟速度快、易于并行运算，且对计算机内存的需求极低，编程实现及改进也较为便捷。

正如 Direct Sampling 方法的命名，该方法的原理非常简单而直接：在导入数据、模拟网格初始条件化完毕之后，在搜索样板(Search Template)的框架下，从模拟网格内随机选取条件数据事件，将其与训练图像中的数据事件进行比对并选取与条件数据事件相似性最大的数据事件作为模拟结果，将数据事件的中心点赋值到模拟点上即完成一次模拟(图4-19)。通过多次重复以上单一网格点模拟过程完成整个模型的模拟(Mariethoz, 2010)。为了在模拟过程中表征两个数据事件之间的相似性，Mariethoz 提出了滞后向量(Lag Vector)的概念。

Direct Sampling 方法的基本执行流程分为三个大的阶段：

(1)数据载入与模拟初始化。首先将所有的条件数据载入模拟程序(包括离散化的井数据、训练图像、搜索样板、模拟参数等)，在此基础上，将离散化的井数据分配到模拟网格中与井数据点最近的网格上。

(2)定义一条穿过所有未知模拟点的随机模拟路径，保证模拟网格内未知点被依次访问和模拟。

(3)对随机模拟路径上的所有点进行随机模拟。本步骤为 Direct Sampling 方法的核心，可分为以下5个步骤：

①对于任一模拟点，搜索其周边距离最近的 $n$ 个网格点$(x_1, x_2, \cdots, x_n)$，组成一个条件数据事件。由于模拟网格上的条件数据非常有限，该条件数据事件往往是不完整的。若在

搜索过程中没有获得任何邻近网格点，则直接从训练图像内随机选取一个点赋予模拟网格并进行下一个模拟点的模拟。

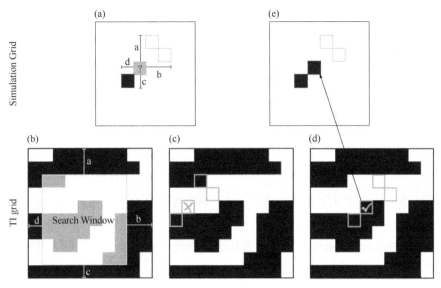

图 4-19　单一网格点模拟过程示意图

② 通过计算滞后向量来定义 $x$ 的邻域 $N(x, L)$

$$L = \{h_1, h_2, \cdots, h_n\} = \{x_1-x, x_2-x, \cdots, x_n-x\} \tag{4-1}$$

其中 $N(x) = \{x+h_1, x+h_2, \cdots, x+h_n\}$，例如，在图 4-20 中，灰色网格点（代表待模拟的网格点）的邻域由三个相对于周边已模拟完成的网格点的滞后向量 $L = \{(1, 2), (2, 1), (-1, 1)\}$ 组成。

③ 定义数据事件 $d_n(x, L) = \{Z(x+h_1), \cdots, Z(x+h_n)\}$。该数据事件是一个包含当前模拟点邻域内所有点的属性值的矢量。在图 4-21 中，数据事件为 $d_n(x, L) = \{0, 0, 1\}$。

④ 在训练图像中定义搜索窗（Search Window）。搜索窗是训练图像中网格点 $y$ 的邻域 $N(y, L)$ 中所有点的集合。搜索窗的大小是由滞后向量的最大值和最小值决定的。

⑤ 在搜索窗中，随机选定一个网格点 $y$ 为起点，系统地扫描搜索窗。对于每一个网格点 $y$：

a. 在训练图像中搜寻到数据事件 $d_n(y, L)$。训练图像搜索窗内的一个随机网格点被选中，那么数据事件 $d_n(y, L) = \{1, 0, 1\}$。

b. 计算两个数据事件（分别来源于模拟网格和训练图像）之间的距离 $d\{d_n(x, L), d_n(y, L)\}$。在离散型和连续型变量模拟中，距离计算方法是不同的。

c. 如果上一步获得的距离是目前最小距离，则存储 $y$，$Z(y)$ 和 $d\{d_n(x, L), d_n(y, L)\}$。

d. 如果 $d\{d_n(x, L), d_n(y, L)\}$ 小于接受门限值 $t$，那么将 $Z(y)$ 的值赋给 $Z(x)$。当距离为 0，$Z(y) = 1$ 将被置于模拟网格（Simulation Grid）中。

e. 如果在上述步骤中，迭代次数超过了训练图像网格数的一定比例时，拥有最小距离的网格 $y$ 将被接受，其值 $Z(y)$ 将被赋予 $Z(x)$。

本方法定义了一种基于邻域点数量的数据事件，这种方式便于根据条件数据的密度调节数据事件的大小：在模拟过程中，随着模拟过程的推进，被模拟的网格点越来越多，在邻域数据点数量不变的条件下，搜索样板（或者数据事件邻域）的大小不断降低，与此同时，数据事件的精度越来越高，这与 Snesim 方法中的多重网格模拟机制具有相似性(见图4-20)。

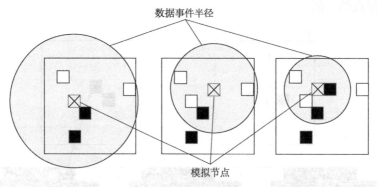

图4-20　数据事件规模随数据密度自动调节过程

　　数据事件之间的距离 $d\{d_n(x), d_n(y)\}$ 是一种非常高效的数据事件相似度衡量指标，这种指标与数据事件的空间结构具有很强的相关性，并可用于离散和连续变量的建模中。在离散变量模拟中，Direct Sampling 方法利用数据事件内部网格点的匹配程度表征两者的相似性[式(4-2)]：

$$d\{d_n(x), d_n(y)\} = \frac{1}{n}\sum_{i=0}^{n} a_i, \quad a_i = \begin{cases} 0 & Z(x_i) = Z(y_i) \\ 1 & Z(x_i) \neq Z(y_i) \end{cases} \tag{4-2}$$

　　式(4-2)是一种最简单的距离计算公式，对于数据事件内部的所有点同等看待，事实上，在地质体内部，由于地质体具有一定的空间结构性，与模拟点(数据事件中心的网格点)距离不同的网格点与模拟点具有不同的相关性，因此，对搜索样板中不同位置的点进行加权，计算得到的数据事件距离[式(4-3)]更具有地质合理性和预测可靠性。

$$d\{d_n(x), d_n(y)\} = \frac{\sum_{i=1}^{n} a_i \|h_i\|^{-\delta}}{\sum_{i=1}^{n} \|h_i\|^{-\delta}}, \quad a_i = \begin{cases} 0 & Z(x_i) = Z(y_i) \\ 1 & Z(x_i) \neq Z(y_i) \end{cases} \tag{4-3}$$

　　式(4-3)中，采用的权重方程为滞后距离的 $-\delta$ 阶幂函数，这也就意味着随着与中心点距离的增大，数据事件中的点对于数据事件距离的影响快速降低。在某些特定状况下，如数据点为条件数据(硬数据)，则可单独给定权系数(Zhang et al.，2006)。

　　对于连续型变量而言，其数据事件间的距离则使用加权欧氏距离来表征[式(4-4)]。

$$d\{d_n(x), d_n(y)\} = \sqrt{\sum_{i=1}^{n} a_i [Z(x_i) - Z(y_i)]^2}$$

$$a_i = \frac{\|h_i\|^{-\delta}}{d_{\max}^2 \sum_{j=1}^{n} \|h_j\|^{-\delta}}, \quad d_{\max} = \max_{y \in \text{TI}} Z(y) - \min_{y \in \text{TI}} Z(y) \tag{4-4}$$

　　式(4-4)中，连续型数据随机事件之间的距离为数据事件距离的加权平方的平方根。在实际模拟中，连续型数据事件之间往往难以较好地匹配，因此，在 Direct Sampling 算法中引入了门槛值 $t$，若数据事件之间的距离小于 $t$，则接受该数据事件作为模拟结果。

　　需要指出的是，在选择数据事件距离指示变量的时候，建模人员或算法研究者须根据实际情况选择现有的指示变量或者引入新的指示变量类型。

### 4.4.2 研究区多点统计模拟

利用前文建立的研究区训练图像，采用DS方法实现了研究区多点地质统计建模。图4-21是建立三维储层模型拉平显示。从图4-21中可以看出，河道砂体顶平底凸的形态得到了较好体现，平面上，河道连续性较两点统计学有明显的改善。河道弯曲形态得到较好的再现。但相较于目标建模，砂体连续性还有提升空间。

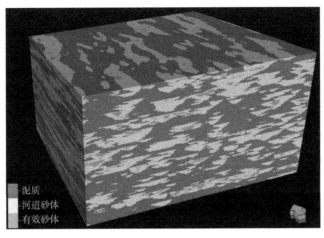

图4-21 研究区$S_1^1$多点统计相建模

在剖面上(图4-22)，过井剖面显示出砂体不同的叠置样式和分布，有效砂体镶嵌在河道砂体内部，配置较为清晰合理，分布与实际解剖具有较好的一致性。表明多点地质统计建模拥有较好地揭示储层内部结构的能力。

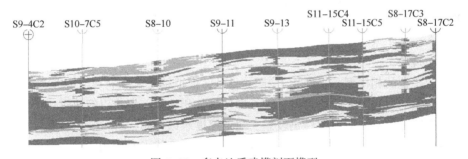

图4-22 多点地质建模剖面模型

## 4.5 神木双3区块建模方法比较分析

针对双3区块分别采用序贯指示建模、目标建模以及多点地质统计建模建立了研究区模型，从前面简单描述中对方法效果进行了评述。为了建立更贴近实际的地质模型，需要选择合适的建模方法。本节对比了三种建模方法的效果，为储渗单元模型建立奠定基础。

模型评价分析。判别它们是否符合地质认识。验证的标准主要有：

(1)随机图像是否符合地质概念模式。所建立的模型应能反映先前地质认识上的概念模型的属性特征，需要检查随机模型和静态模型之间的符合程度。相模式试验可以与沉积微相的研究结果相结合，如将前期沉积微相研究的相序分析及有利空间展布与每个实现进行分析比较。

（2）随机实现的统计参数与输入参数的接近程度。理论上说，条件模拟结果必须完全符合各种控制条件，但由于原始采样不能采集所有数据、变差函数结构不能准确描述客观的地质规律等原因，模拟结果不能完全忠实于井数据。此时需要所建模型尽量符合现有数据的空间分布规律与特征，如各微相概率分布的一致性及拟合程度的高低。

（3）能够反映储层的非均质特征。随机模型所反映的非均质特征应为地质上的认识，如渗透率奇异值的分布沉积微相平面展布的几何特点。

（4）抽稀检验。抽稀井试验测试是从原来已有井中随机抽走一部分井，用剩余井进行建模，检验所建模型中模拟的抽稀井的实现结果与该井原始数据特征的吻合程度。即根据模拟实现是否忠实于未输入模型的真实数据和特征进行判断，能够预测模型中预测值的不确定性。由于抽稀后不应影响建模中储层展布等原因，一般用于开发中后期，井网密，对储层本身的控制大。

（5）动态验证。模拟实现是否符合生产动态，可通过简单的二维油藏数值模拟或局部的三维数值模拟的"历史拟合"情况来进行判别。

基于研究区目前处于开发投产早期，动态资料较少，模型的验证主要从定性剖面分析、沉积微相概率分布分析及抽稀检验三个方面来与地质概念模型进行匹配验证。

### 4.5.1 定性剖面分析

序贯算法属非迭代算法，具有快速的特点；指示模拟最大的优点是可以模拟各向异性的复杂地质现象及连续性分布的极值。对于具有不同连续性分布的变量（如沉积相），可给定不同的变差函数，从而建立各向异性的模拟图像。另外指示模拟，不仅可以忠实于硬数据，还可以忠实于软数据（如地震、测井数据）。但存在的问题主要有：模拟结果有时并不能很好地恢复输入的变差函数；在条件数据较少且模拟目标各向异性较强时，难以计算各类型变量的变差函数；像所有基于变差函数（两点统计学）的随机模拟一样，该方法不易恢复目标体的几何形态，由于未考虑像元间的交互相关性而使模拟实现中的相边界不太光滑，出现星星点点的分布现象。

序贯指示模拟的相模型，平面相上（图4-23），模拟结果未能展现河道形态、分布零星，不连续，河道走向、物源方向均难以呈现，即使添加相约束，也难以解决这一问题。在剖面上，与井数据匹配较好，但连续性仍较差，河道厚度难以控制。

基于目标的模拟算法，主要为示性点过程，具有以下优点：使用灵活，一些先验的地质知识可以作为条件信息加入模型，如各种相比、砂体宽厚比、各种相空间分布规律等，这样可以最大限度地综合地质认识，因此，基于目标体的建模方法可以较好地再现目标体几何形态；而且，空间数据不要求服从某种分布。但是，示性点过程建模要求很强的先验地质认识，如目标体几何尺寸、形态、方位等参数，而这些参数仅仅依靠稀疏的井点数据难以得到，为完全确定这些参数的可靠分布带来一定困难，即条件化困难；而且，参数设置仅能体现相的整体特征，需增加多个约束条件才能得到较好的呈现结果。在设置参数后，也并不能完全按照设置值得到一个较理想的模拟实现，需不断调试，而且模拟时间较长。

基于目标模拟的相模型，在增加趋势体约束后，平面相能够较好地呈现河道形态、走向、展布及物源方向；剖面上，总体形态也较好，但与井数据匹配不足。在建模过程中，条件化困难，且难以完全根据最初参数设置得到模拟实现，会因为参数设置的"冲突不合理"，导致模拟结果与参数值大相径庭，甚至在有限时间内可能难以得到一个模拟实现。

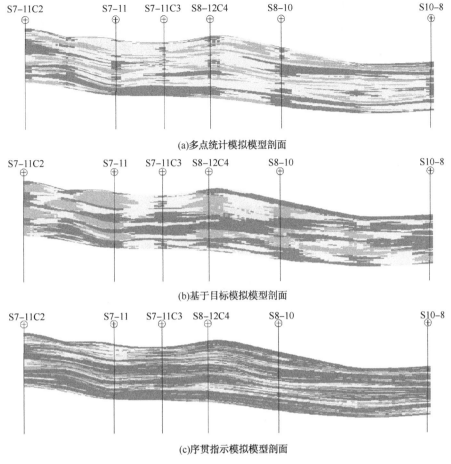

(a)多点统计模拟模型剖面

(b)基于目标模拟模型剖面

(c)序贯指示模拟模型剖面

图4-23 不同方法建立的模型剖面比较

多点地质统计学方法是相对于传统的两点地质统计学而言的一种新的建模方法。基于两点建模所利用的变差函数只能模拟两点的空间关系，不能模拟多变量的复杂空间关系；而基于目标的方法不能很好地忠实于井点数据和地震数据，更多地受控于先验地质知识库，且耗时。多点地质统计学利用训练图像代替变差函数揭示变量的空间关系，由于仍是基于像元的模拟方法，该方法能够较好地忠实于硬数据，同时克服了基于目标的模拟耗时的缺点，且能够使模拟结果符合地质模式，较好地模拟具有空间位置关系的多变量分布模型。

训练图像是多点地质统计的输入参数，其合理性与准确性决定了建模效果的好坏。在训练图像的选取方面，本书通过一种新的结合地质分析结果构建的训练图像，较好地呈现了沉积相的三维空间结构和形态。增加相控的相模型，平面相能够体现河道形态和基本走向，与物源方向吻合，与训练图像模式匹配较好(图4-23)。剖面上，也较好地反映了河道的分布与形态，模拟效果相对而言较好。

进一步地，将地质解剖结果与模型进行比较。图4-24、图4-25是太原组连井横剖面图，从以上三种模拟结果来看，基于目标与多点模拟结果均能够较好展示河道剖面形态，且与基于地质认识的剖面展布较为吻合；并且，给出了井间的预测，也体现了储层的非均质性。比较而言，序贯指示模拟在剖面上形态较为离散，基于目标的模拟结果在条件点处不能与模型很好地吻合，而多点模拟结果利用了基于目标的模拟结果作为训练图像，不仅克服了这一缺陷，而且能够较好展示河道形态，为最优的模拟结果。

图 4-26、图 4-27 为纵剖面图，总体上，相对横剖面，纵剖面河道更为连续，在模型中也得到了较好的呈现。基于目标模拟结果与井数据匹配较差，多点模拟结果较为合理，剖面展布形态较好，且与井数据吻合度高。

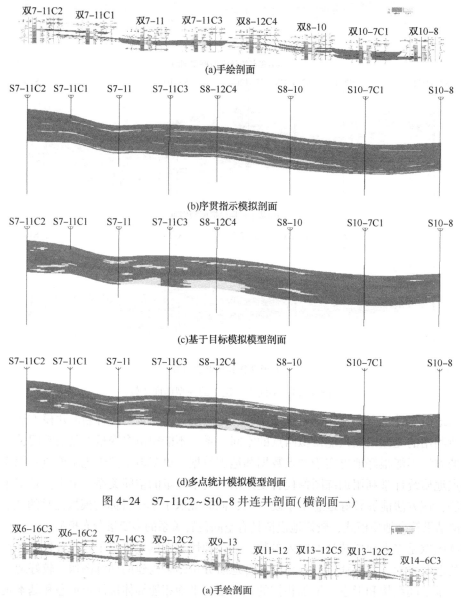

(a)手绘剖面

(b)序贯指示模拟剖面

(c)基于目标模拟模型剖面

(d)多点统计模拟模型剖面

图 4-24　S7-11C2~S10-8 井连井剖面(横剖面一)

(a)手绘剖面

(b)序贯指示模拟剖面

图 4-25　S6-16C3~S14-6C3 井连井剖面(横剖面二)

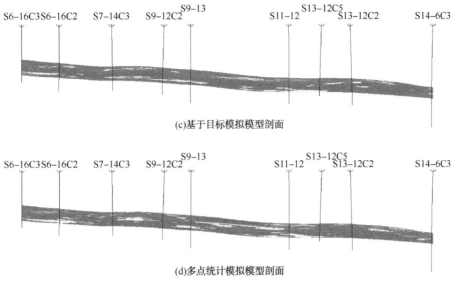

(c)基于目标模拟模型剖面

(d)多点统计模拟模型剖面

图 4-25　S6-16C3~S14-6C3 井连井剖面(横剖面二)(续)

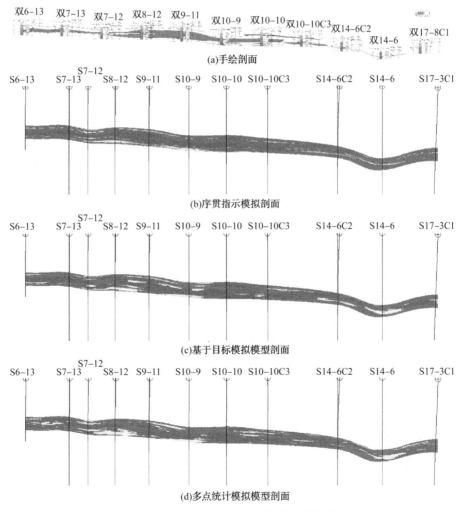

(a)手绘剖面

(b)序贯指示模拟剖面

(c)基于目标模拟模型剖面

(d)多点统计模拟模型剖面

图 4-26　S6-13~S17-3C1 井连井剖面(纵剖面一)

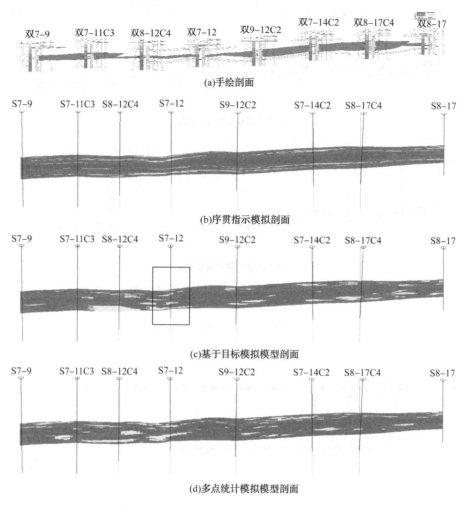

(a)手绘剖面

(b)序贯指示模拟剖面

(c)基于目标模拟模型剖面

(d)多点统计模拟模型剖面

图4-27  S7-9~S8-17井连井剖面(纵剖面二)

### 4.5.2  沉积微相概率分布分析

模拟模型能否忠实于原始输入的井数据是检验模型好坏的一种手段。通过统计建模前井上沉积微相比例,并与模拟模型的微相比例比较,来看模型能否遵守输入相比例,评价模型是否准确。

从统计的三类沉积微相比例看(图4-28),整体上,三种方法都较好地再现了原始微相统计特征,匹配较好。相对而言,序贯指示模拟与多点模拟相比例与原始符合度较高,而目标建模符合率稍差。这主要是目标建模通过迭代满足条件化,同时,设置一个误差比以满足迭代收敛。从而导致在少量部位和井上出现模拟实现与原始解释不一致现象。

### 4.5.3  抽稀检验

研究区目前处于勘探阶段,平均井距达到500m左右,井数为143口。在保证模型基本形态不走样的情况下,可合理地选择抽稀井后进行模拟。根据抽取井数不超过工区10%的原则,选择抽取S7-11井、S13-12C5井、S14-6C2井及S8-17C4井不参与模拟。

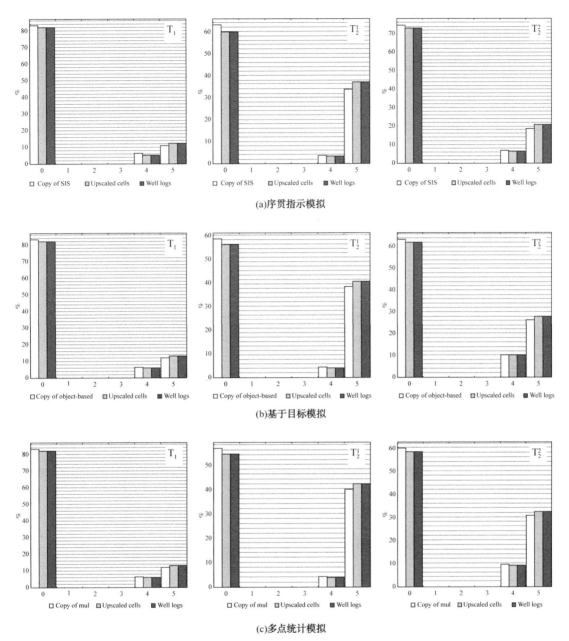

图 4-28　相占比柱状图（建模软件习惯用图）
0—洼地及沼泽；4—低能河道；5—高能河道

以下为抽取上述 4 口井后的模拟结果，两横两纵剖面显示见图 4-29。

从图 4-29 中可以看出，S7-11 井在 $T_2^1$ 亚段高能河道较为发育，河道较厚，$T_1$ 段与 $T_2^2$ 亚段发育低能河道，河道厚度不大。序贯指示模拟结果与井数据匹配最好，在 S7-11 井处模拟的 $T_2^1$ 亚段发育厚层高能河道，$T_1$ 段与 $T_2^2$ 亚段发育低能河道。基于目标的模拟结果在 $T_1$ 段与 $T_2^1$ 亚段模拟结果较好，分别为高能河道与低能河道，但在 $T_2^2$ 亚段模拟结果仍为高能河道，与地质认识不符。多点模拟结果，$T_1$ 段与 $T_2^1$ 亚段均为高能河道，$T_2^2$ 亚段发育少量低能河道。总体而言，序贯指示与多点模拟结果都较为吻合，其中序贯指示模拟结果相的分布最为吻合，但河道形态呈现最差，多点模拟结果的相形态较好，且与井数据相对基于目标的模拟结果而言匹配较好。

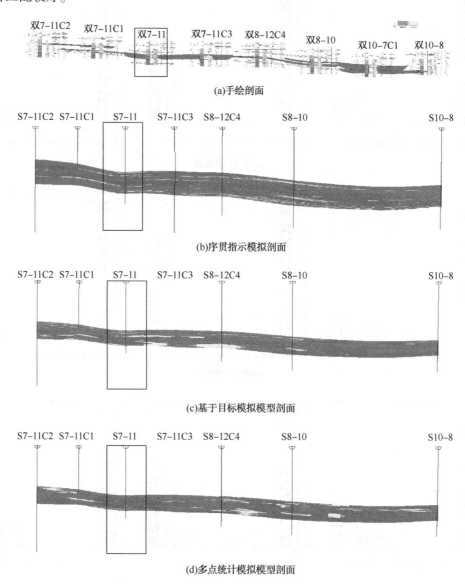

(a)手绘剖面

(b)序贯指示模拟剖面

(c)基于目标模拟模型剖面

(d)多点统计模拟模型剖面

图4-29　S7-11抽稀井及过井横剖面

从图4-30中可以看出，S13-12C5井仅在$T_2^1$亚段发育高能河道，河道发育程度中等。三种建模方法的模拟结果相近，均能合理呈现相的分布特点，但序贯指示在呈现河道形态方面仍有较大缺陷，而基于目标与多点模拟方法相对较好。

从图4-31中可以看出，S14-6C2井在$T_2^1$亚段发育低能河道，在$T_1$段与$T_2^2$亚段河道不发育，主要为洼地与沼泽相。可以明显看出，在数据匹配、相分布及相形态上，多点模拟结果总体最优。且该处低能河道分布井间，实现了井间预测。

从图4-32中可以看出，S8-17C4井在$T_2^1$亚段发育较好的高能河道，在$T_2^2$亚段发育低能河道。序贯指示模拟结果虽与井数据匹配最好，但形态呈现仍较差；基于目标与多点模拟结果可较好模拟河道形态，在与井数据匹配方面，多点模拟结果更占优势。

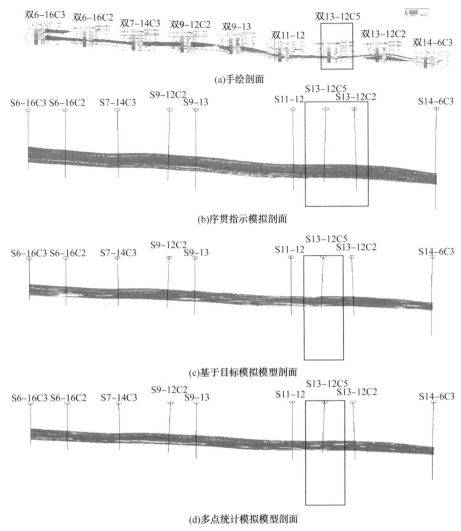

(a)手绘剖面

(b)序贯指示模拟剖面

(c)基于目标模拟模型剖面

(d)多点统计模拟模型剖面

图 4-30　S13-12C5 抽稀井及过井横剖面

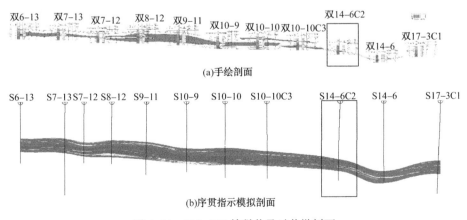

(a)手绘剖面

(b)序贯指示模拟剖面

图 4-31　S14-6C2 抽稀井及过井纵剖面

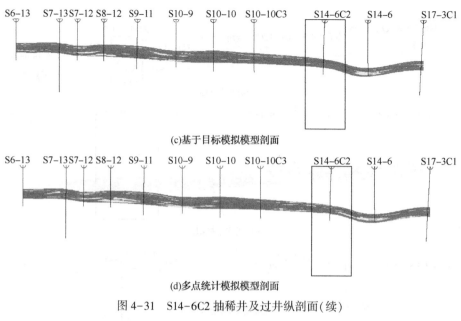

(c)基于目标模拟模型剖面

(d)多点统计模拟模型剖面

图4-31 S14-6C2 抽稀井及过井纵剖面(续)

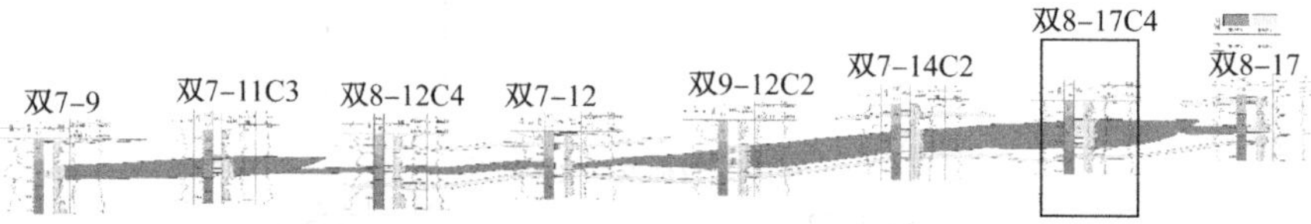

(a)手绘剖面

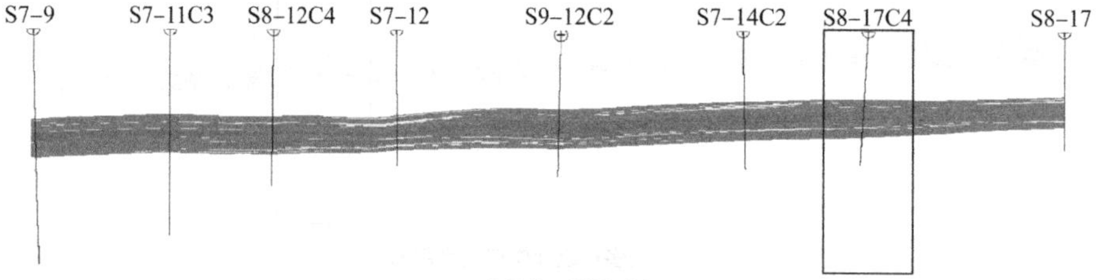

(b)序贯指示模拟剖面

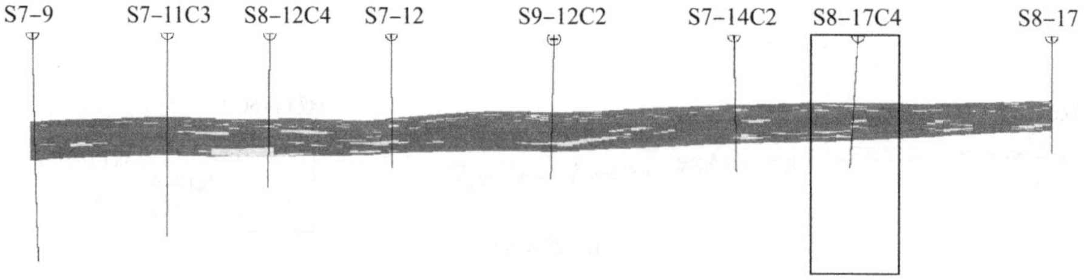

(c)基于目标模拟模型剖面

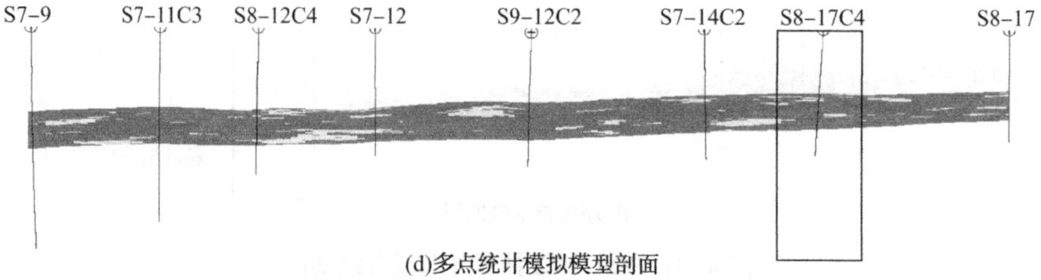

(d)多点统计模拟模型剖面

图4-32 S8-17C4 抽稀井及过井纵剖面

依据抽稀井的数据，将抽稀井位置处河道、洼地与沼泽微相和原始井数据进行对比，验证结果见表4-5。其中，序贯指示模拟结果的平均符合率为0.82，基于目标的模拟结果平均符合率为0.78，多点模拟结果的平均符合率为0.82，符合模拟原理，表现为基于目标的模拟结果与井数据匹配程度相对于另外两种方法尚有不足。总体的平均符合率为0.81，匹配程度较高。

表4-5 太原组沉积微相抽稀井验证结果

| 抽稀井 | 序贯指示模拟结果 | 基于目标的模拟结果 | 多点模拟结果 | 平均 |
|---|---|---|---|---|
| S8-17C4 | 0.63 | 0.93 | 0.79 | 0.78 |
| S7-11 | 0.72 | 0.66 | 0.82 | 0.73 |
| S13-12C5 | 0.97 | 0.71 | 0.73 | 0.80 |
| S14-6C2 | 0.94 | 0.82 | 0.95 | 0.90 |
| 平均 | 0.82 | 0.78 | 0.82 | 0.81 |

通过4口抽稀井模拟相的结果与对应的基于地质认识的手绘剖面对比，结果基本一致，表明模型较为可靠。在相分布、相形态呈现及与井数据匹配上，多点模拟结果最好。可选择多点模拟的相结果作为后期储渗单元与物性建模的依据。

### 4.5.4 储渗单元建模

储渗单元是对有效砂体的质量分类，是砂体模型内部的进一步建模，因此采取层次建模方法，在有效砂体模型的控制下进行储渗单元的建模。

采取序贯指示建模方法，将前文判识的储渗单元制成测井解释数据导入Petrel软件，粗化到井上作为条件点，以有效砂体模型为约束条件，在变差函数的指导下，进行序贯指示模拟，得到最终储渗单元模型(图4-33)。从模型看，研究区储渗单元规模均较小，发育范围有限。局部砂体拼接形成连片储渗单元。但整体上，需要采用更密的井网进行气藏开发。

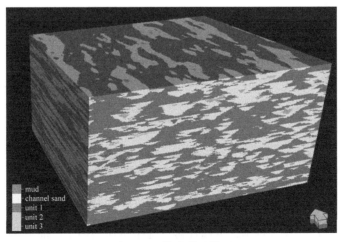

图4-33 储渗单元模型

# 第5章　气藏动态评价技术

## 5.1　多维度产能评价技术

气井产能评价是气田开发过程中最基础的工作之一，是气井工作制度优化调整的重要依据。通过系统试井、修正等时试井、一点法试井等测试手段可以获得气井初期产能，但该产能只能指导气井早期生产，随着气田的开发，地层压力下降，导致气井产能也在降低，这使得在气井后期生产过程中产能如何变化，成为目前现场生产中急需解决的问题。

气井产能的评价主要是通过建立产能方程进行计算，产能方程系数 $A$、$B$ 值的求取，直接、可靠的方法是通过系统试井或修正等时试井。然而由于系统试井、修正等时试井在时间和资金上的消耗较大，长庆各气田只有部分单井进行过系统试井、修正等时试井测试，大多数气井只进行过单点法试井，仅获得了气井的无阻流量而没有产能方程。通过技术攻关，建立了产能方程系数 $A$、$B$ 与不同地层压力的关系，从而实现了不同地层压力条件下气井产能的实时跟踪。

针对已开发的榆林、子洲气田井数多、生产特征差异大的难点，根据气田生产实际，建立不同开发阶段气井产能预测方法，形成了气井全生命周期分段产能评价技术，为气田生产及调峰能力预测提供了技术依据(图5-1)。

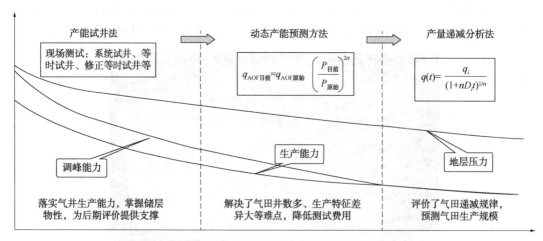

图5-1　低渗岩性气藏气井多维度产能评价技术路线

通过建立多维度产能评价技术，全面评价气井全生命周期生产能力及产量递减规律，为气田生产及调峰保供提供技术支持。

### 5.1.1　影响气井产能的因素分析

地层系数($k_h$)、边界及地层的非均质性、储能系数是储层的固有属性，也是影响气井产能的主要地质因素。

由气井无阻流量的计算公式来看，在其他参数不变的情况下，随着地层压力的降低，气井无阻流量逐渐减小，其变化规律如图5-2所示。即气井无阻流量与地层压力成正比。

因此，在气井的生产过程中，必须合理利用地层能量，否则气井产能将随地层压力下降而急剧减小(图5-2)。

地层系数是影响气井产能的首要因素，与气井产能成正比。即地层系数越大，气井产能越高。统计长庆气田上古气井的绝对无阻流量与试井解释的地层系数，如图5-3所示，呈简单的线性关系。

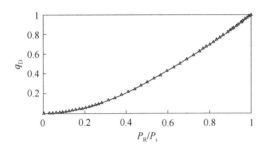

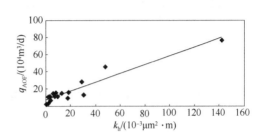

图5-2 气井无阻流量与地层压力关系曲线　　　图5-3 上古气井 $k_h$ 与无阻流量关系曲线

边界及气井非均质对气井产能有较大的影响，气井产能方程系数 $A_t$ 的表达式为：

$$A_t = m\left( \lg \frac{8.085kt}{\phi uc_t r_w^2} + 0.87s + \Delta p_D \right) \quad (5-1)$$

由此可知，产能方程系数 $A$ 在边界影响产生后将急剧增大。边界越复杂，产能方程系数 $A$ 的变化就越急剧，非均质程度也就越强烈。由于边界使产能方程系数 $A$ 增大，必将使气井产能降低(图5-4)。

储能系数为气层有效厚度、孔隙度、含气饱和度的乘积。该值越大表明气层的含气性及储集性能越好，图5-5是榆林南区山2气层储能系数($h\phi S_g$)与无阻流量的相关曲线，气层储能系数($h\phi S_g$)与其对应的绝对无阻流量具有较好的相关性(相关系数0.849)。说明电测的储能系数能较好地反映气井的绝对无阻流量大小。

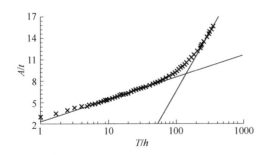

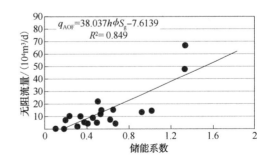

图5-4 具边界气井产能方程系数 $A$ 变化曲线　　　图5-5 山2气层储能系数与 $q_{AOF}$ 关系图

气井投产后，开发过程中产能影响的主要因素是地层压力和渗透率(图5-6和图5-7)。

水平井：地层压力>渗透率>气层厚度>水平段长度>表皮系数>储层各向异性>偏心距。

直井：地层压力>渗透率>有效厚度>表皮系数>地层温度>供给半径。

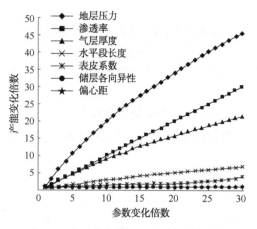

图 5-6 水平井产能影响因素敏感性分析

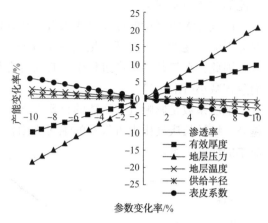

图 5-7 直井产能影响因素敏感性分析

## 5.1.2 气井多维度动态产能预测方法

### 1) 开发早期阶段

基于产能试井基础理论研究,针对长庆低渗储层特征,发展完善了一点法和简化修正等时试井等初期产能试井技术,落实气井生产能力,掌握储层物性,指导气田初期配产(图5-8)。

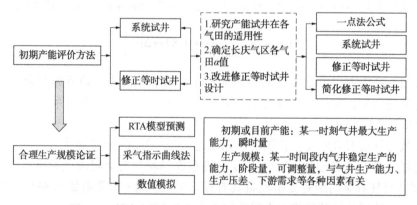

图 5-8 低渗岩性气藏气田开发初期产能评价技术流程

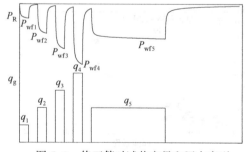

图 5-9 修正等时试井产量和压力序列

（1）修正等时试井及简化修正等时试井。

① 修正等时试井。

为进一步缩短低渗气井的产能测试时间,1959 年 Katz 等提出了修正等时试井（Modified Isochronal Well Testing）的概念。修正等时试井是在等时试井的基础上发展形成的,与等时试井的区别仅是每一个工作制度生产后的关井时间与生产时间相同,而不要求关井至稳定的压力(图5-9)。

严格地讲,修正等时试井仅是等时试井的近似,在资料的分析方法上存在一定的缺陷,特别在等时关井阶段压力恢复程度较低时,将会造成产能曲线反转的异常现象。

② 简化修正等时试井。

尽管修正等时试井较其他多点产能试井所需的时间短,但要求延续期产量生产持续到稳定条件，这对于低渗透气藏仍需要较长的时间。为进一步缩短时间，国内外诸多学者都在修正等时试井的基础上进一步简化产能试井方法，其代表是 Poettmann 于 1986 年提出了修正等时试井的简化方法。

简化后的修正等时试井，只进行等时阶段的测试，而不进行延续生产期的测试。从而大大地缩短了测试时间，减少了天然气的消耗。

其原理：首先利用等时不稳定阶段的测试资料确定产能方程系数 $B$；同时利用不稳定资料建立 $A_t$-$\lg t$ 关系曲线（图 5-10），在井筒储集效应基本消失后，均质地层气井的 $A_t$-$\lg t$ 将是一条直线。对于给定气井供气半径 $r_e$，计算有效驱动时间 $t_d$［式（5-2）］。

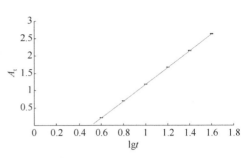

图 5-10　等时阶段 $A_t$-$\lg t$ 关系曲线

$$t_d = 0.02755\phi\mu c_t r_e^2/K \qquad (5-2)$$

将计算得到的 $t_d$ 代入 $A_t$-$\lg t$ 的关系表达式，便可获得稳定的产能方程系数 $A$，从而达到利用等时不稳定测试资料建立气井稳定产能方程的目的。

在榆林南区、子洲气田试采评价和开发早期，优选 32 口典型井，开展产能试井，建立 IPR 曲线和产能方程，准确评价气井生产能力。部分气井稳定产能方程如表 5-1 所示。

表 5-1　气井稳定产能方程

| 井名 | 产能方程 | 备注 |
|---|---|---|
| 榆 30 井 | $P_R^2 - P_{wf}^2 = 18.9731q + 0.4754q^2$ | 修正等时 |
| 榆 45 井 | $P_R^2 - P_{wf}^2 = 15.2257q + 0.3524q^2$ | 修正等时 |
| 榆 48 井 | $P_R^2 - P_{wf}^2 = 25.3363q + 0.5095q^2$ | 修正等时 |
| 榆 53 井 | $P_R^2 - P_{wf}^2 = 32.8525q + 0.8657q^2$ | 修正等时 |
| 榆 29 井 | $P_R^2 - P_{wf}^2 = 36.1636q + 0.02951q^2$ | 修正等时 |
| 洲 19-22 井 | $P_R^2 - P_{wf}^2 = 8.4479q + 0.00846q^2$ | 简化修正 |
| 洲 19-18 井 | $P_R^2 - P_{wf}^2 = 26.944q + 0.3964q^2$ | 简化修正 |
| 洲 18-21 井 | $P_R^2 - P_{wf}^2 = 11.991q + 0.03293q^2$ | 简化修正 |
| 洲 22-25 井 | $P_R^2 - P_{wf}^2 = 0.061q^2 + 30.83q$ | 简化修正 |
| 洲 26-26 井 | $P_R^2 - P_{wf}^2 = 0.104q^2 + 6.69q$ | 系统试井 |
| 洲 16-20 井 | $P_R^2 - P_{wf}^2 = 0.1352q^2 + 35.416q$ | 简化修正 |
| 洲 20-20 井 | $P_R^2 - P_{wf}^2 = 0.3036q^2 + 46.794q$ | 简化修正 |
| 洲 20-24 井 | $P_R^2 - P_{wf}^2 = 1.0038q^2 + 40.0915q$ | 简化修正 |
| 洲 26-25 井 | $P_R^2 - P_{wf}^2 = 0.4225q^2 + 33.7562q$ | 简化修正 |

（2）"单点法"产能试井。

① "单点法"理论基础。

气井稳定二项式产能方程为：

$$P_R^2 - P_{wf}^2 = Aq_g + Bq_g^2 \qquad (5-3)$$

则：

$$P_R^2 - (0.101)^2 = Aq_{AOF} + Bq_{AOF}^2 \qquad (5-4)$$

式(5-3)/式(5-4)得：

$$\frac{P_R^2 - P_{wf}^2}{P_R^2} = \frac{Aq_g + Bq_g^2}{Aq_{AOF} + Bq_{AOF}^2} \tag{5-5}$$

令：

$$P_D = \frac{P_R^2 - P_{wf}^2}{p_R^2} \tag{5-6}$$

$$\alpha = \frac{A}{A + Bq_{AOF}} \tag{5-7}$$

$$q_D = \frac{q_g}{q_{AOF}} \tag{5-8}$$

将式(5-6)、式(5-7)、式(5-8)代入式(5-5)得：

$$P_D = \alpha q_D + (1-\alpha)q_D^2 \tag{5-9}$$

由式(5-9)解得：

$$q_D = \frac{\alpha\left[\sqrt{1 + 4\left(\frac{1-\alpha}{\alpha^2}\right)P_D} - 1\right]}{2(1-\alpha)} \tag{5-10}$$

将式(5-3)、式(5-5)代入式(5-10)得：

$$q_{AOF} = \frac{2(1-\alpha)q_g}{\alpha\left[\sqrt{1 + 4\left(\frac{1-\alpha}{\alpha^2}\right)\left(\frac{P_R^2 - P_{wf}^2}{P_R^2}\right)} - 1\right]} \tag{5-11}$$

可见，对于式(5-11)，只要确定了 $\alpha$ 值，便可根据气井测试的一个稳定点的数据(稳定产量 $q_g$ 和对应稳定井底流压 $P_{wf}$)计算无阻流量 $q_{AOF}$。显然，多点稳定产能试井结果越多、越可靠，确定的 $\alpha$ 值以及由此得到的经验公式越具有代表性。

② "单点法"经验公式分析。

前辈曾应用国内 16 个气田的 16 口气井系统试井结果，根据式(5-6)确定 $\alpha$ 值为 0.25，进而根据式(5-11)得到"单点法"经验产能公式：

$$q_{AOF} = \frac{6q_g}{\sqrt{1 + 48\left(\frac{P_R^2 - P_{wf}^2}{P_R^2}\right)} - 1} \tag{5-12}$$

式(5-12)就是人们通常应用的"单点法"计算无阻流量的经验公式。

严格地讲，每口气井均对应着一个单点计算公式。若要建立一个气田的单点产能计算公式，必须在丰富的多点稳定试井的基础上，获得具有代表性的计算公式。

气田丰富的试井资料，为建立该气田的单点产能计算公式奠定了基础(表 5-1)。气田已有 14 口井进行了修正等时试井或是简化修正等时试井，根据这 14 口井的二项式产能方程、无阻流量计算各井 $\alpha$，榆林南区 $\alpha$ 值平均为 0.5208；子洲气田平均 $\alpha$ 值为 0.66，代入式(5-11)，分别得到榆林气田南区和子洲气田"单点法"经验产能公式。

榆林气田南区"单点法"经验公式：

$$q_{AOF} = \frac{1.84q_g}{\sqrt{1 + 7.067p_D} - 1} \tag{5-13}$$

子洲气田"单点法"经验公式：

$$q_{AOF} = \frac{1.03q_g}{\sqrt{1+3.122p_D}-1}$$ (5-14)

根据9口井修正等时试井延续生产末期稳定点资料，应用经验公式计算无阻流量，与修正等时试井结果对比，78%的井误差小于20%（误差最大为28.1%）可以满足工程精度要求。

建立的"一点法"产能评价方法，有效指导了榆林、子洲气田113口新建井产能评价和合理配产，同时节约了测试时间和费用，实现了降本增效。

**2）稳产阶段**

（1）气体物性参数随压力的变化。

根据气田平均流体参数（临界温度、临界压力、天然气密度等），结合相关图版及经验公式，建立了气田地层压力与偏差系数及气体黏度的经验关系式，根据变化了的气体物性参数即可修正产能系数。

（2）产能方程系数的修正。

由气井稳定二项式产能方程：

$$P_R^2 - P_{wf}^2 = Aq_g + Bq_g^2$$ (5-15)

气井无阻流量可表示为：

$$q_{AOF} = \frac{-A+\sqrt{A^2+4B(P_e^2-0.101^2)}}{2B}$$ (5-16)

因此，在已知目前地层压力的情况下，只要知道了目前气井的二项式产能方程系数 $A$、$B$，就可以得到目前气井的产能，并同时可以得到气井目前的产能方程。

气井稳定二项式产能方程理论推导中，$A$、$B$ 表示为：

$$A = \frac{8.484\times10^4 \mu_g ZTP_{sc}}{khT_{sc}}\left(\lg\frac{r_e}{r_w}+0.434S\right)$$ (5-17)

$$B = \frac{1.996\times10^{-8}\beta\gamma_g ZTP_{sc}^2}{h^2 T_{sc}^2 R}\left(\frac{1}{r_w}-\frac{1}{r_e}\right)$$ (5-18)

在气井开采过程中，随着地层压力的下降，井周围气层由于受上覆地层压力的逐步压实作用，渗透率等物性参数虽有所降低，但变化非常小，与之有关的表皮污染系数 $S$ 或地层结构参数 $\beta$ 变化也不大，计算时均可看作常数；天然气相对密度 $\gamma_g$ 也可视作常量。相对而言，天然气偏差系数 $Z$ 和黏度 $\mu_g$ 随地层压力的变化对产能方程影响较大，不容忽视。

假设气井在开发初期和目前的二项式系数分别为 $A$、$B$ 和 $A_m$、$B_m$，对应的天然气黏度和偏差系数分别为 $\mu_g$、$Z$ 和 $\mu_{gm}$、$Z_m$，则：

$$\frac{A}{A_m} = \frac{Z\mu_g}{Z_m\mu_{gm}}$$ (5-19)

$$\frac{B}{B_m} = \frac{Z}{Z_m}$$ (5-20)

从以上分析可以看出，在气井开采过程中，二项式系数 $A$、$B$ 主要随天然气黏度和偏差系数 $\mu_g$、$Z$ 的变化而变化。因此根据天然气黏度和偏差系数 $\mu_g$、$Z$ 与地层压力的关系，便可求得目前二项式产能方程系数 $A_m$、$B_m$。

综合对比分析认为，$A$、$B$ 系数变化法考虑因素全面，计算精度较高，且能得出目前地层压力下气井产能方程，因此该方法应用较广。

通过气井全生命周期产能评价技术，实时跟踪分析气井生产能力（图 5-11），评价合理配产，为气田产量安排和冬季调峰保供提供技术支持。

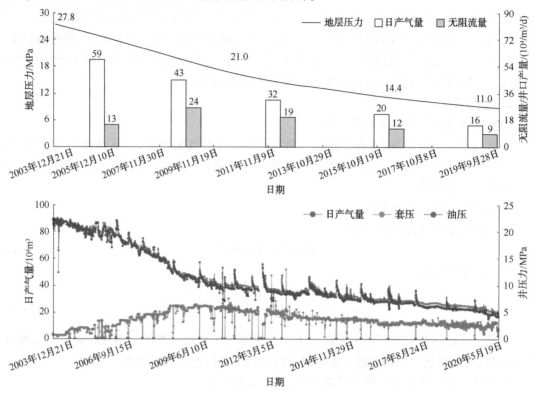

图 5-11　榆 42-4 井全生命周期生产能力评价曲线

（3）气井合理产量。

气井的合理产量，就是对一口气井而言有相对较高的产量，同时以这个产量生产能够保持较长的稳产时间。气井合理配产是高效开发气田的一个重要环节，在气井产能评价基础上开展气井合理产量的研究（图 5-12）。

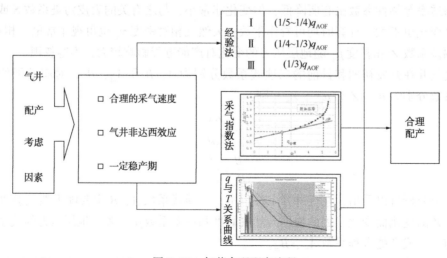

图 5-12　气井合理配产流程

① 经验统计法。

经验统计法是国内外油气田开发工作者在大量生产实践经验的基础上总结出来的配产方法。它是按无阻流量的比例作为油气井生产的产量。经验统计法确定气井产量的先决条件是要求出气井的绝对无阻流量。

② 采气指数曲线法。

根据试井理论可知气井的采气指数为：$K_g = q/(P_e - P_{wf})$，从气井生产能量消耗的合理性出发，要求采气指数越大越好，即 $1/K_g$ 越小越好。由气井的二项式产能方程推导可得：

$$\frac{P_e - P_{wf}}{q} = \frac{A + Bq}{P_e + \sqrt{P_e^2 - Aq - Bq^2}} \tag{5-21}$$

做 $(P_e - P_{wf})/q$ 与 $q$ 的关系曲线如图 5-13 所示。气体黏度小，渗流速度高，在储层中容易出现紊(湍)流和惯性力。当气井产量较小时，流动符合达西定律，当产量增大到某一值后，气体在近井地带渗流破坏达西线性渗流规律，表现出非线性渗流规律，造成附加压降。为了合理地利用地层能量，把偏离早期直线段那一点产量作为气井的最大合理产量，对应压差即合理生产压差(图 5-13)。

③ 节点分析法。

气井生产过程是一个连续流动过程，气体从地层流动到井口经过以下几个过程：首先通过气层孔隙介质或裂缝流向井底，然后通过井底射孔段流入井间，再通过井筒的管柱流至井口，最后通过地面集输管线流到分离器。以井底为节点，用节点分析法建立井口压力、油管尺寸和产气量的函数关系。流入动态曲线 $\left[ q = \dfrac{-A + \sqrt{A^2 - 4B(P_e^2 - P_{wf}^2)}}{2B} \right]$ 代表气层供气能力，流出动态曲线 $\left[ P_{wf} = \sqrt{P_{wh}^2 e^{2s} + \dfrac{1.324 \times 10^{-18} f(q_{sc}TZ)^2}{d^5}(e^{2s} - 1)} \right]$ 表示油管举升能力，两曲线的交点即为给定气井条件下协调工作点(图 5-14)。在此点条件下，从气层中流出的产量等于油管的排量，井底流压等于此排量下油管所需的举升压力(图 5-14)。

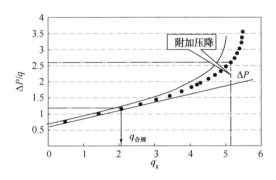

图 5-13　陕 89 井 $(P_e - P_{wf})/q$ 与 $q$ 的关系曲线

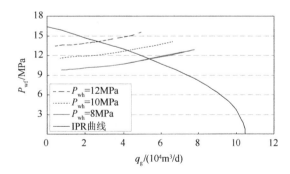

图 5-14　气井生产系统节点分析示意图

(4) 气井的调峰产能。

气井调峰产能的确定，传统方法主要采用压降速率法、RTA 软件法、数值模拟法等手段。其原理主要是通过对气井生产历史的分析和拟合，预测气井的生产能力。经过多年的应用，传统产能预测方法评价结果的准确性较高，但是在使用过程中存在工作量大、实效性差的问题。经过深入研究，发现气井短期内提高产量生产后，压降速率呈直线下降的规律，在此认识基础上，创新形成了"气井提产能力预测图版"，解决了目前在提产过程中存在的时间长、实效性差等问题，实现了快速合理确定提产幅度的需求。通过对靖边气田 I 、II 、III 类气井的数值模拟，建立了 I 、II 、III 类气井提产能力预测图版，从而达到快速确定调峰能力的目的。

气井提产能力主要受地层压力、储层物性的影响。同一口气井，地层压力较高时提产能力大（图 5-15）；同一地层压力下，储层条件较好时气井提产能力大（图 5-16）。

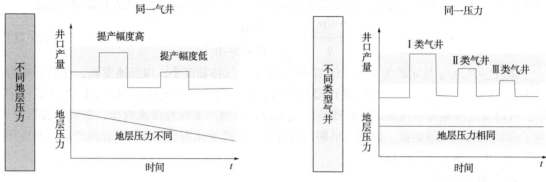

图 5-15　不同地层压力下提产幅度示意图　　　　图 5-16　不同类型气井提产幅度示意图

研究各类气井不同地层压力条件下的提产能力，确定压降速率同提产幅度之间的关系，通过加权，建立 I 、II 、III 类气井提产幅度与压降速率的关系图版（图 5-17~图 5-19），实现快速、批量地确定气井提产幅度，满足目前生产需求。

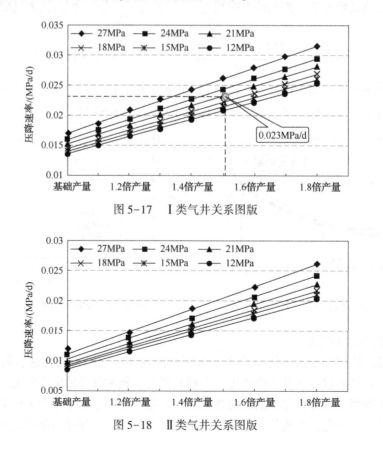

图 5-17　I 类气井关系图版

图 5-18　II 类气井关系图版

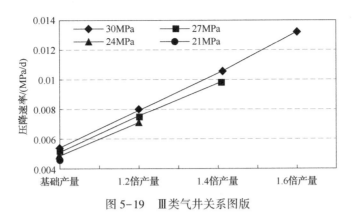

图 5-19　Ⅲ类气井关系图版

对 22 口调峰井(Ⅰ类 9 口、Ⅱ类 13 口)进行效果分析,平均误差在 10% 之内,说明图版准确度较高,可以指导冬季调峰配产。

以榆 35-18 井为例,该井 2012 年 10 月 25 日到 2013 年 2 月 23 日进行产量调峰,产量从 $8\times10^4\mathrm{m}^3/\mathrm{d}$ 提高为 $10.4\times10^4\mathrm{m}^3/\mathrm{d}$,提产 0.3 倍,实际井口压降速率为 0.0203MPa/d,利用图版得到的压降速率为 0.0192MPa/d,误差为 5.4%,结果比较准确(图 5-20 和图 5-21)。

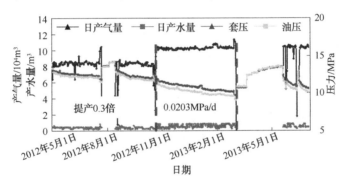

图 5-20　榆 35-18 井生产曲线(Ⅰ类)

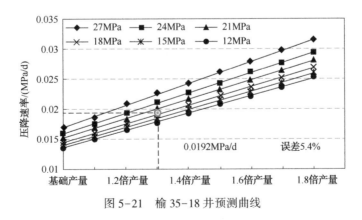

图 5-21　榆 35-18 井预测曲线

### 3)递减阶段

根据油气藏产量递减率的定义:

$$D=-\frac{1}{q}\frac{\mathrm{d}q}{\mathrm{d}t} \tag{5-22}$$

式中,$D$ 为递减率;$q$ 为产量;$t$ 为生产时间。

Arps 将常用的几种递减归纳为如下通式:

$$\frac{D}{D_i}=\left(\frac{q}{q_i}\right)^N \tag{5-23}$$

式中, $q_i$ 为初始递减产量; $N$ 为递减指数。

将式(5-22)代入式(5-23)得:

$$-\frac{1}{qD_i}\frac{\mathrm{d}q}{\mathrm{d}t}=\left(\frac{q}{q_i}\right)^N \tag{5-24}$$

将式(5-24)变形, 并对时间 $t$ 积分得:

$$q=\frac{q_i}{(1+ND_it)^{1/N}} \tag{5-25}$$

式(5-25)为描述油气藏产量递减方程的通式。在 $N$ 取不同的值时, 将得到几种常见的递减形式。

当 $N=0$ 时, 由式(5-25)可以得到指数递减方程:

$$q=q_i\mathrm{e}^{-D_it} \tag{5-26}$$

当 $N=0.5$ 时, 由式(5-25)可以得到衰减方程:

$$q=\frac{q_i}{(1+0.5D_it)^2} \tag{5-27}$$

当 $N=1$ 时, 式(5-25)可以得到调和递减方程:

$$q=\frac{q_i}{1+D_it} \tag{5-28}$$

当 $0<N<1$ 时, 由式(5-25)可以得到双曲递减方程。

气藏递减阶段的累计产量可以用式(5-29)表示:

$$G_\mathrm{p}=\int_0^t q\mathrm{d}t \tag{5-29}$$

国内外学者认为: 对大多数气井, 递减指数取 0.4~0.5 是合适的, 因此本次采用衰减方程进行气井的产量变化规律研究。

将式(5-27)代入式(5-29)得:

$$G_\mathrm{p}=\int_0^t \frac{q_i}{(1+0.5D_it)^2}\mathrm{d}t \tag{5-30}$$

求解式(5-30)得:

$$G_\mathrm{p}=\frac{q_i}{0.5D_i}-\frac{q_i}{0.5D_i(1+0.5D_it)} \tag{5-31}$$

化简得:

$$\frac{1}{G_\mathrm{p}}=A+B\frac{1}{t} \tag{5-32}$$

其中, $A=\dfrac{0.5D_i}{q_i}$, $B=\dfrac{1}{q_i}$。

由式(5-32)可以看出, 以 $1/t$ 为横坐标、$1/G_\mathrm{p}$ 为纵坐标, 可以得到一条直线, 其截距为 $A$, 斜率为 $B$, 通过对直线进行线性回归确定出 $A$、$B$ 值后, 就可以进行油气藏动态指标的预测。

由式(5-32)，分子、分母同时除以 $q_i$，得到预测不同时间产量的模型：

$$q = \frac{1}{B\left(1+\dfrac{A}{B}t\right)^2} \tag{5-33}$$

由式(5-33)，得到累计产量表达式：

$$G_p = \frac{t}{At+B} \tag{5-34}$$

但对于致密气藏，简单地采用衰减曲线会出现较大的偏差，为此提出了修正衰减曲线分析方法。该方法就是通过修正系数 $A$，使得预测模型很好地拟合实测数据。通过修正，使得常规衰减曲线分析方法扩展到致密气藏，具体计算过程如图5-22所示。

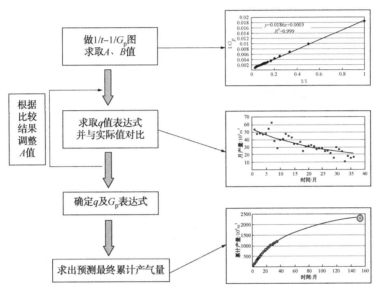

图5-22　修正衰减曲线计算流程

通过 ARPS 递减分析、数值模拟法及递减率曲线分析法评价单井递减规律，在单井评价基础上，采用产量加权或按单元叠加来评价气田递减率，预测气田后期生产规模。

（1）ARPS 递减分析。

采用多种方式对气井进行了递减分析(图5-23~图5-25)。

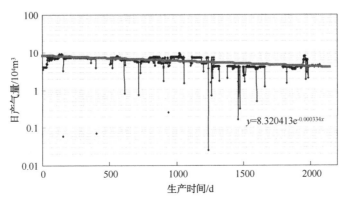

图5-23　洲27-10井指数递减分析曲线

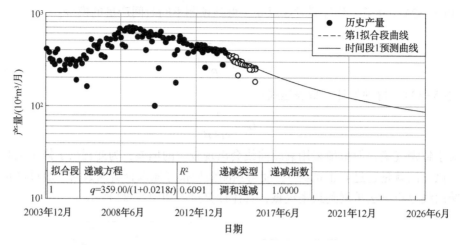

| 拟合段 | 递减方程 | $R^2$ | 递减类型 | 递减指数 |
|---|---|---|---|---|
| 1 | $q=359.00/(1+0.0218t)$ | 0.6091 | 调和递减 | 1.0000 |

图 5-24　榆 42-10 井产量递减曲线

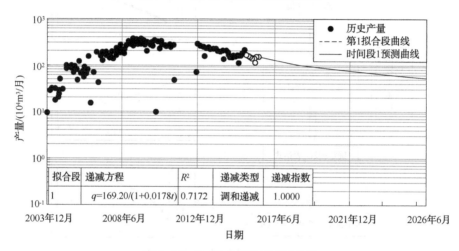

| 拟合段 | 递减方程 | $R^2$ | 递减类型 | 递减指数 |
|---|---|---|---|---|
| 1 | $q=169.20/(1+0.0178t)$ | 0.7172 | 调和递减 | 1.0000 |

图 5-25　榆 42-3 井产量递减曲线

（2）数值模拟法。

数值模拟研究结果表明，气井产能大小和井口压力高低不同，气井产量递减率也会不同。

采用数值模拟预测法对气井进行了递减分析（图 5-26~图 5-29）。

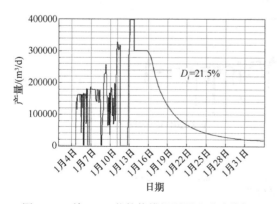

图 5-26　榆 42-1 井数值模拟预测法递减分析

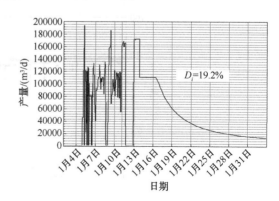

图 5-27　榆 42-0 井数值模拟预测法递减分析

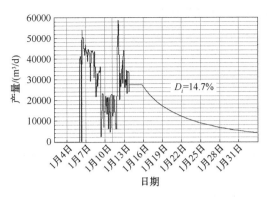

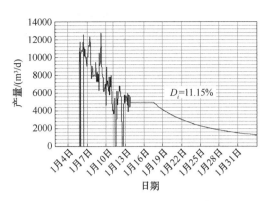

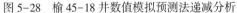

图 5-28 榆 45-18 井数值模拟预测法递减分析　　　图 5-29 榆 48-4 井数值模拟预测法递减分析

对具备条件开展递减井分析，榆林气田南区 71.8% 气井符合调和递减，初始递减时间在 2016~2017 年，初始递减率Ⅰ类井为 17.9%，Ⅱ类井为 14.5%，Ⅲ类井为 11.7%。单井目前平均递减率为 11.3%（图 5-30 和图 5-31）。

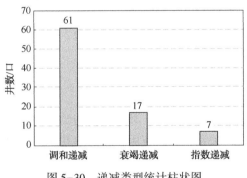

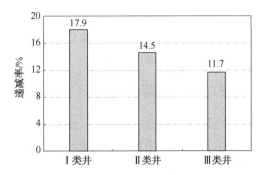

图 5-30　递减类型统计柱状图　　　　　　图 5-31　不同类型井初始递减率直方图

（3）递减率曲线分析法。

以单井递减分析为基础，结合集气站为单元和分年度投产井产量递减规律分析，综合评价气田目前递减率为 10.5%~11.5%（图 5-32）。

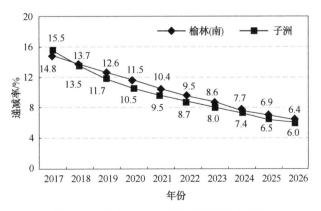

图 5-32　榆林（南）、子洲气田递减率曲线

通过气井"分级、分类"精细化管理，形成相应的配套工艺技术管理对策及措施（表 5-2），提高开井时率，有效减缓气井（田）递减。

表 5-2 榆林、子洲气田精细化管理对策及措施

| 气井分类 | 产量/($10^4\text{m}^3$/d) | 井数/口 | 生产制度及配套措施 |
|---|---|---|---|
| 连续生产井 | ≥1.2 | 283 | 保持连续稳定生产 |
| 措施连续生产井 | 0.8~1.2 | 95 | 以适时泡排为主，优选气井投放速度管柱 |
| | 0.5~0.8 | 78 | 定周期泡排，优选液气比较高气井安装柱塞装置 |
| 间歇生产井 | <0.5 | 117 | 摸索调整关井时间与拐点压力，优化间歇制度；井前泡排，部分井实施柱塞气举等工艺 |

## 5.2 不关井条件下地层压力场评价技术

地层压力评价是气藏工程研究最基本的元素，是气藏能量的直接体现，及时、准确地掌握气藏的目前地层压力是动储量计算、产能评价、气田开发潜力评价、生产动态预测以及井网加密调整的前提。

长庆气田渗透率低，关井压力恢复速度慢、恢复时间长，一些气井关井半年以上还不能达到压力平衡，关井测压与生产需求存在很大的矛盾。针对上述难题，提出了不关井条件下地层压力评价方法。

### 5.2.1 压降曲线法

压降法又称物质平衡法，最常应用于气藏动态储量计算过程中，其建立在物质平衡的基础上。本研究利用累计产气量与视地层压力之间的线性关系，将其应用于气井单井地层压力评价中。

利用压降法评价地层压力的思路：利用单井稳定的压降曲线在 $P/Z$ 轴上的截距得到目前地层压力 $P_a$ 与当前地层压力下天然气压缩系数 $Z_a$ 的比值 $P_a/Z_a$，再利用地层压力与天然气压缩系数的经验关系式进行迭代，便可以确定该井泄流范围内的目前地层压力（图 5-33 和图 5-34）。

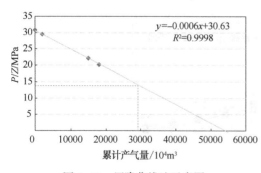

图 5-33 压降曲线法示意图

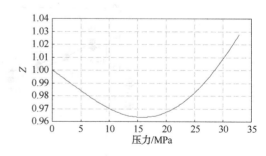

图 5-34 偏差因子与地层压力关系

该项技术关键因素是压降曲线的可靠性，因此丰富不同累计产气量下的压力数据点尤其重要。在气井实际开发生产过程中，关井实测地层压力数据量极为有限，同时在生产动态资料中又存在大量关井恢复井口压力数据，如何利用关井恢复井口压力资料简单、快捷地获得地层压力数据是压降法评价目前累计产量下地层压力的关键技术。

利用压力监测资料对压降曲线法进行了可靠性验证。利用压降曲线法对地层压力进行评价，对比实测压力得到最大误差8.6%，平均误差小于4.9%，该方法评价地层压力是可靠的，但前提是必须建立稳定的压降曲线。

## 5.2.2 井口压力折算法

对于已知关井恢复井口压力计算井底压力的理论公式(5-18)。该方法中 $\gamma_g$、$T$ 和 $Z$ 均为未知量，不易确定，并且随着 $h$ 的变化，$P$、$\gamma_g$、$T$ 和 $Z$ 也会发生变化。因此，理论公式中部分相关参数的获取和确定有一定的难度，增加计算复杂程度，可操作性受到一定限制。因此科研工作者针对井筒压力梯度与井口压力的变化关系展开研究，以寻求更为简便、快捷的关井条件下地层压力方法。

$$P_{wf} = aG_p^2 + bG_p + c \tag{5-35}$$

式中，$P_{wf}$ 为地层压力，MPa。

静液柱中任意一点的压力服从以下规律：

$$P = P_{ws} + \rho g h \tag{5-36}$$

对于井底压力则由下式确定：

$$P_{ws} = P_{ts} + D \cdot H \tag{5-37}$$

对于气柱来说，气体密度随压力变化差别相对较大，即井筒压力梯度 $D$ 是随井口压力 $P_{ts}$ 而变化的，对于靖边气田气体组分相差不大，因此，只要把握对应井口压力 $P_{ts}$ 下的井筒压力梯度 $D$ 的变化规律就容易确定气井井底压力。

利用气井关井测压静压梯度与井口压力之间的关系(500m 一个测点)，建立了关井条件下井筒压力梯度与井口压力关系曲线(图5-35)。

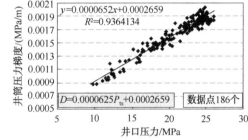

回归数据点建立了压力梯度 $D$ 与井口压力 $P_{ts}$ 的经验公式[式(5-38)]，利用该式就可以确定目前井口压力下对应的压力梯度值。

$$D = 0.000071P_{ts} + 0.000201 \tag{5-38}$$

图 5-35　井筒压力梯度与井口压力关系曲线

利用这些压力数据点及其对应累计产气量的资料本书建立了气井的压降曲线(图5-36 和图5-37)，从压降曲线可以看出，折算低压力与压降曲线几乎完全重合，可见经验公式法折算的井底压力还是比较准确的。

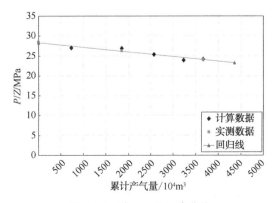

图 5-36　陕 209 井压降曲线

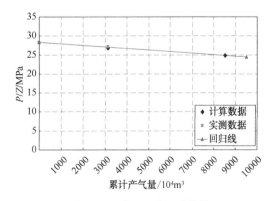

图 5-37　陕 217 井压降曲线

### 5.2.3 拟稳态数学模型法

在拟稳定流阶段，井底流压的降低是由地层平均压力降低引起的，并且地层压力与井底流压的变化趋势相同。通过分析井底流压与累计产气量的变化关系，掌握地层压力与累计产气量变化规律，从而评价目前累计产气量下的地层压力。

通过井口压力数据计算井底压力，将气井井底流压与累计产气量绘制成相关曲线，形式为：

$$P_{wf} = aG_p^2 + bG_p + c \tag{5-39}$$

由式(5-39)可求出地层平均压力随采出量变化的曲线，得到某一时间的地层平均压力称作拟地层平均压力，区别于真实的地层平均压力。在试井初期，忽略两相渗流导致的储层伤害和可能的低渗透边界的影响，拟地层平均压力等于真实地层平均压力。

累计产气量为 $Q_g = 0$ 时，$c$ 等于初始地层平均压力 $P_R$，式(5-39)变为：

$$P_R = c \tag{5-40}$$

因此，可以根据不同的累计产气量得到不同时期的拟地层压力(图5-38)。

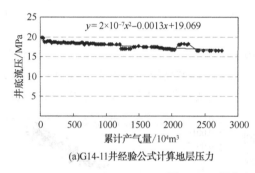
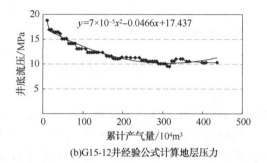

(a)G14-11井经验公式计算地层压力　　　(b)G15-12井经验公式计算地层压力

图5-38　拟稳态数学模型法评价曲线

根据榆林测压实测数据，对该方法的适用性进行验证。拟稳态数学模型法计算结果与动态监测值对比，对于工作制度频繁改变的气井，误差较大。榆45-15井、榆47-9井为两口间歇生产井，误差分别为15.1%、14.3%。其余工作制度相对稳定的气井平均误差为5.7%。

### 5.2.4 拓展二项式产能法

根据气井二项式产能方程可知：在已知气井产量的情况下，只要确定了气井的井底流压和产能方程系数 $A$、$B$ 值即可确定目前地层压力。

$$P_R = \sqrt{Aq + Bq^2 + P_{wf}^2} \tag{5-41}$$

井底流压计算采用井筒平均温度和偏差系数法与改进 Orkiszewskil 法评价，气井产能方程系数利用已开展修正等时试井气井原始无阻流量和产能系数的关系求解。通过建立气田气井无阻流量与二项式产能方程系数的关系式，根据气井无阻流量，利用式(5-41)即可确定气井的 $A$、$B$ 值(图5-39 和图5-40)，进而获得气井的二项式产能方程($A = 1108.8q_{AOF}^{-1.235}$；$B = 98.655q_{AOF}^{-1.5607}$)。

拓展二项式产能方程法计算结果与动态监测值对比，对于产水气井，误差较大。陕44井、陕52井和G21-11井为三口产水气井(日产水量分别为 1.57m³、1.31m³、3.9m³，气水比分别为 0.13、0.12、2.87)，误差分别为 37.8%、29.4%、48.5%，其余气井平均误差为6.8%。因此该方法适用于不产水气井地层压力评价。

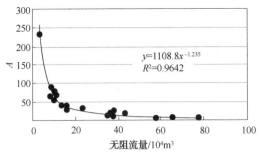

图 5-39  无阻流量与 $A$ 的关系曲线

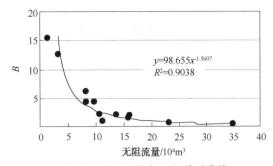

图 5-40  无阻流量与 $B$ 的关系曲线

# 5.3  低渗气藏动储量评价技术

动储量的本质是流动条件下参与渗流的地质储量，是确定气田合理生产规模、开展生产动态预测以及开发潜力评价的基础。气田的高效合理开发必须建立在对动储量的准确掌握之上。

常规气藏动储量评价方法大多建立在较为理想的条件下，需要气井具有丰富的动态监测资料和较为稳定的生产工作制度。然而，由于生产任务重且下游用气需求波动大，造成长庆气田动态监测少，气井工作调整频繁，导致常规方法不能使用。另外，长庆气田分布范围广、储层渗透率低、非均质性强、气井渗流特征各异，单一的评价方法不能满足长庆气田的需要，因此急需研究一套低渗非均质气藏动储量评价技术系列方法。

为了有效解决上述问题，针对不同渗流特征和生产动态特征的气井，提出并完善了动储量评价技术方法，对每种方法的适用性和应用条件进行明确的界定，形成了具有长庆特色的低渗非均质气藏动储量评价技术系列。其中，靖边气田储层非均质性强，加上气井产水、水化物堵塞、高峰期提产等造成气井工作制度频繁改变，导致气井生产特征及渗流特征差异大，针对这些特点，榆林、子洲气田工作制度相对稳定，动态监测少，气田形成了以流动物质平衡法为主的动储量评价模式。

## 5.3.1  物质平衡法

对于定容封闭气藏，即气藏没有连通的边底水时，其压降方程为：

$$\frac{P}{Z} = \frac{P_i}{Z_i}\left(1 - \frac{G_P}{G}\right) \quad (5-42)$$

很显然，可以根据不同阶段地层压力与相应累计采气量，进行回归求解气藏或气井控制地质储量 $G$ 或根据废弃地层压力求解可采储量 $G_R$（图 5-41）：

$$G = \frac{G_P}{(1 - PZ_i/ZP_i)}$$

$$G_R = \frac{G_P}{(1 - P_aZ_i/Z_aP_i)} \quad (5-43)$$

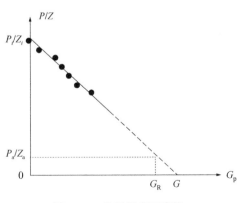

图 5-41  物质平衡压降线
求解地质储量示意图

### 5.3.2 流动物质平衡法

从渗流力学的角度来分析，对于一个有限外边界封闭的油气藏，当地层压力波及地层外边界一定时间后，地层中的渗流将进入拟稳定流状态，这时，地层中各点压降速度相等并为一常数。压降漏斗曲线将是一些平行的曲线。由此得到启示，对气藏物质平衡方程，若在同一个坐标中做静止视地层压力 $P/Z$ 与 $G_p$ 的关系曲线和流动压力 $P_{wf}/Z$ 与 $G_p$ 的关系曲线，它们也应该相互平行，当然，当 $G_p = 0$ 时，$P_{wf}$ 为静压，所以利用"流动物质平衡方程"也可以求解气藏地质储量。

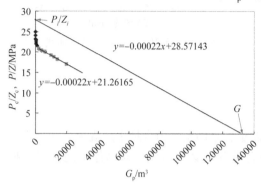

图 5-42 流动物质平衡法
求解地质储量示意图

类似地，还可以利用井口套压来求解地质储量，即套压所对应的视地层压力 $P_c/Z_c$-$G_p$ 曲线应和 $P/Z$-$G_p$ 曲线平行(图 5-42)。

在求解地质储量过程中，原则上尽量取物质平衡曲线的后期直线段，但受成藏阶段的滞留水或气井压力降低的影响，较多气井后期水气比增大，引起物质平衡曲线上翘，因此出现此情况时，尽量不取该曲线段计算储量。

### 5.3.3 弹性二相法

有界封闭地层开井生产井底压力降落曲线一般分为三个阶段，第一段为不稳定渗流早期，指压降漏斗传到边界之前；第二段为不稳定渗流晚期，即压降漏斗传到边界之后；第三段为拟稳定期，此阶段地层压降相对稳定，地层中各点的压力下降速度相同，又称弹性二相过程(图 5-43)。

根据压力降落试井的压力变化可得：

$$P_{wf}^2 = E - \beta t \tag{5-44}$$

式中，$E = P_e^2 - \dfrac{8.48 \times 10^{-3} q\mu}{Kh} \cdot \dfrac{P_{sc} ZT}{T_{sc}} \left[ \lg\left(\dfrac{R_e}{r_w}\right) - 0.326 + 0.435S \right]$，$\beta = \dfrac{2qP_e}{GC_t}$

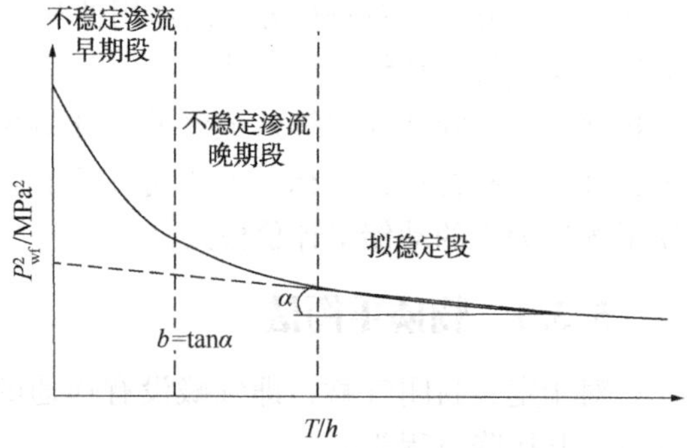

图 5-43 弹性二相示意图

整理后得地质储量为：

$$G = \dfrac{2qP_e}{\beta C_t} \tag{5-45}$$

式中，$t$ 为开井生产时间，d；$q$ 为稳定产气量，$m^3/d$；$P_e$ 为目前地层压力，MPa；$C_t$ 为气层总压缩系数，1/MPa。

采用此种方法计算储量，需要测试资料达到拟稳定状态，为了判断拟稳态的出现，可以采用 Y 函数法，或用 $\lg(\Delta P_{wf}^2/\Delta G_p)$-$\lg G_p$ 关系图解，在两种图上，当达到拟稳态后均会出现水平直线段。

### 5.3.4 油藏影响函数法

上述气藏工程常规方法大多需要较为准确的气藏物性参数，或要求气藏采出程度达到一定程度后方可，或要求气井关井测试，或部分方法含有相当多的经验成分。因此上述方法的应用有一定的局限性。单井控制储量的计算一直是一个较为困难的研究课题，我们通过几年的研究，提出了一个油藏影响函数（RIF）的概念，本次研究将油藏影响函数推广应用到气藏中，建立适用于气藏的油藏影响函数，并应用它解决气藏储量的早期预测问题。应用油藏影响函数法，在滚动勘探开发期间，当第一口探井获工业气流后，经过短期弹性试采，可以迅速确定气藏储量，为下一步勘探开发井的部署提供决策依据，解决地质储量早期预测问题。经过一些油田的运用，已取得了较好的效果。

油藏影响函数指单位流体速度下地层压力的改变值。

$$P_i - P(t) = \int_0^t q(\tau) \frac{\partial F(t-\tau)}{\partial \tau} d\tau \tag{5-46}$$

式中，$P_i$ 为气藏原始地层压力；$q(\tau)$ 为流体速度；$F$ 为油藏影响函数。

经过推导，可以建立油藏影响函数在气藏中应用的数学模型：

$$\begin{cases} \min E_a = \min \sum_{k=1}^n \left| (P_i - P_k)_{obs} - \sum_{j=1}^n (q_{k-j+1} - q_{k-j}) F_j \right| \\ F(t) \geqslant 0 \\ F^{2k-1}(t) \geqslant 0 (k = 1, 2, \cdots, n-1) \\ F^{2k}(t) \leqslant 0 \end{cases} \tag{5-47}$$

式中，$P_i$、$P$ 分别为原始地层压力和气井生产到某一时刻的流压；obs 为矿场实际观测所得数值。

采用线性规划法求解，对生产压力进行历史拟合，求解得到气藏的影响函数，根据影响函数曲线的直线段斜率 $F'$ 可以确定气藏特征参数：

$$V_F = \frac{1}{B_{gi} F'}$$

$$V_p = \frac{1}{C_t F'} \tag{5-48}$$

$$G = \frac{V_p}{B_{gi}} S_{gi}$$

式中，$F'$ 为影响函数曲线 $F(t)-t$ 的斜率，MPa/m³；$V_F$ 为弹性容量，m³/MPa。$V_p$ 为地下孔隙体积，m³；$G$ 为地质储量，m³；$C_t$ 为综合压缩系数，1/MPa。

利用上述方法，对靖边气田部分井地质储量进行了计算。计算表明，油藏影响函数法评价单井动储量结果与压降法吻合很好，平均误差为 4.86%。该方法要求半年以上井口生产动态数据，解决了动储量早期评价难题。但该方法是建立在单相渗流基础上的，因此对产水气井适用性较差。

### 5.3.5 优化拟合法

在一些特殊情况下，开井生产长时间不能关井，但气井具有稳定试井和开采资料，此时用优化拟合法（试凑法）进行气井生产史拟合来估算气井控制储量是比较有效的方法之一。

该方法主要借助物质平衡方程和二项式采气方程，当气藏受水体影响较小时，可计算一口探井或气藏试采早期所反映出的气井控制储量。

假设稳定试井产能方程为 $P_e^2 - P_{wf}^2 = Aq + Bq^2$，结合气藏物质平衡方程 $\dfrac{P}{Z} = \dfrac{P_i}{Z_i}\left(1 - \dfrac{G_P}{G}\right)$，可以导出有限封闭气藏的储量计算方程：

$$\left[P_i\left(1 - \frac{G_P}{G}\right)\right]^2 - P_{wf}^2 = Aq + Bq^2 \tag{5-49}$$

同样地，对共生水饱和度较高的低渗或低渗有水气藏，结合前述气井产能方程 $P_e^2 - P_{wf}^2 = Aq + Bq^2 + C$，可以导出：

$$\left[P_i\left(1 - \frac{G_P}{G}\right)\right]^2 - P_{wf}^2 = Aq + Bq^2 + C \tag{5-50}$$

该方法的基本思路：假设在某一控制储量条件下，联立求解气藏物质平衡方程式和气井二项式采气方程，进而计算气井采气生产曲线，与实际的采气生产曲线相匹配，最后确定有关参数，得到气井控制动储量。

### 5.3.6 动态指标评价法

对于低渗气田，综合应用压降法、流动物质平衡法、产量不稳定分析法，可以准确评价具有多点压力测试资料、投产时间较长且生产相对稳定气井的动储量，但对于投产时间短、没有压力测试或生产不稳定的气井，上述方法评价存在一定局限性，为此本书首次建立了动储量评价的动态指标评价法。

动态指标评价法是以物质平衡方程理论分析为基础，建立定井口压力下气井动储量与气井生产时间、生产期内日均产气量统计关系（图 5-44 和图 5-45），从而利用井口生产资料直观、快速评价气井动储量的方法。

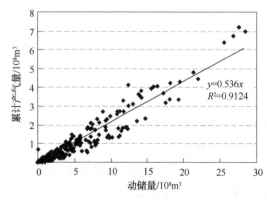

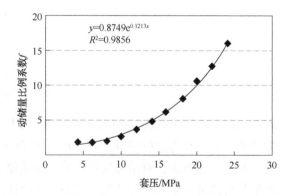

图 5-44 动储量与累计产气量关系分析        图 5-45 动储量比例系数与套压关系分析

研究表明，气井动储量与生产时间、生产期内日均产气量具有以下关系：

$$G = (0.059T + 0.14) \cdot q \tag{5-51}$$

因此，在根据气井常规油压、日产气量资料评价气井生产时间和生产期内日均产气量的基础上，可通过式（5-51）快速评价气井动储量。该方法针对生产时间短、实测地层压力点少或生产不稳定气井提出，能有效提高低渗气藏气井动储量的评价范围，同时在已评价气井动储量核实、RTA 辅助分析确定初始值降低多解性等方面应用良好。

针对榆林和子洲气田储层特性、气藏开发状态和气井的动态资料特点，优选适合气田的动储量评价方法，见表5-3。

表5-3　榆林、子洲气田动储量评价方法适用性分析

| 评价方法 | 适用性 | 适用条件 | | |
|---|---|---|---|---|
| | | 开发阶段 | 工作制度 | 资料要求 |
| 压降法 | 较好 | 采出程度 > 10%，稳产期、递减期 | 与工作制度无关 | 地层压力、岩石物性参数、温度等 |
| 产量不稳定分析法 | 较好 | 气井进入拟稳定 | 对工作制度要求低 | 井口压力、产量、岩石物性参数及地层压力和温度等 |
| 流动物质平衡法 | 好 | 气井进入拟稳定 | 工作制度稳定 | 井口压力、产量、地层压力和温度等 |
| 优化拟合法 | 一般 | 采出程度 > 10%，稳产期、递减期 | 与工作制度无关 | 井底流压、井口压力、产量、原始地层压力和温度、产能方程等 |
| 气藏影响函数法 | 差 | 较长生产史 | 工作制度稳定 | 井口压力、产量、岩石物性参数及地层压力和温度等 |

针对低渗低丰度气藏气井渗流和生产动态特征，形成了以"压降法、流动物质平衡法、产量不稳定分析法"等方法为主、多方法综合的单井控制储量评价技术(图5-46)。

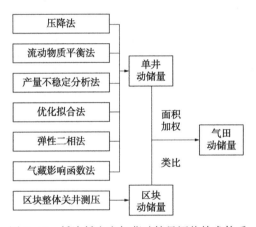

图5-46　低渗低丰度气藏动储量评价技术体系

# 第6章 气藏增压开采优化技术

## 6.1 增压开采基础研究

### 6.1.1 增压时机预测及调整

**1）稳产期末井口压力确定**

根据榆林南区夏季、冬季各集气站外输压力、外输温度运行参数（表6-1），并结合工艺运行参数，考虑气田集输管网系统运行压力，计算榆林南区井均地面压力损失，确定各集气站气井最低进站压力（表6-2），最终计算榆林南区井均地面压力损失0.40MPa，预计气田稳产期末井口压力为5.6MPa。

表6-1 榆林南区集气站运行参数

| 站点 | 夏季外输压力/<br>MPa | 夏季外输温度/<br>℃ | 冬季外输压力/<br>MPa | 冬季外输温度/<br>℃ | 年平均压力/<br>MPa | 年平均温度/<br>℃ |
|---|---|---|---|---|---|---|
| 榆9站 | 4.78~5.12 | 9~22 | >4.81 | 1~7 | 5.10 | 10 |
| 榆10站 | 4.86~5.48 | 10~23 | >4.80 | -1~11 | 5.28 | 11 |
| 榆11站 | 4.92~5.69 | 5~19 | >4.85 | -2~11 | 5.32 | 10 |
| 榆12站 | 5.40~5.74 | 18~25 | >5.36 | 7~15 | 5.28 | 10 |
| 榆13站 | 4.84~5.18 | 5~20 | >4.80 | 1~6 | 5.04 | 5 |
| 榆14站 | 5.40~5.88 | 14~25 | >5.22 | 11~15 | 5.48 | 15 |
| 榆15站 | 5.65~5.92 | 12~19 | >5.10 | 3~11 | 5.76 | 8 |
| 榆16站 | 5.43~5.90 | 14~17 | >5.36 | 5~10 | 5.36 | 8 |
| 榆18站 | 5.36~5.74 | 14~25 | >5.16 | -6~8 | 5.30 | 7 |
| 榆19站 | 5.41~5.86 | 11~20 | >5.22 | 3~10 | 5.38 | 10 |
| 榆20站 | 5.10~5.62 | 12~22 | >4.87 | -5~5 | 5.32 | 8 |
| 榆21站 | 4.74~5.14 | 12~22 | >4.60 | -2~5 | 4.70 | 9 |

表6-2 集气站进站压力计算结果

| 站点 | 进站压力/<br>MPa | 油压/<br>MPa | 套压/<br>MPa | 日产气量/<br>$10^4 m^3$ | 日产水量/<br>$m^3$ | 地面损失/<br>MPa | 稳产期末油压/<br>MPa |
|---|---|---|---|---|---|---|---|
| 榆9站 | 5.33 | 5.91 | 7.35 | 3.51 | 0.20 | 0.35 | 5.61 |
| 榆10站 | 5.92 | 6.55 | 7.74 | 4.31 | 0.24 | 0.26 | 5.68 |
| 榆11站 | 6.29 | 6.75 | 8.29 | 4.77 | 0.34 | 0.34 | 5.75 |
| 榆12站 | 5.39 | 6.03 | 7.10 | 6.70 | 0.33 | 0.46 | 5.78 |

| 站点 | 进站压力/<br>MPa | 油压/<br>MPa | 套压/<br>MPa | 日产气量/<br>$10^4 m^3$ | 日产水量/<br>$m^3$ | 地面损失/<br>MPa | 稳产期末油压/<br>MPa |
|---|---|---|---|---|---|---|---|
| 榆 13 站 | 5.40 | 6.20 | 8.22 | 1.98 | 0.32 | 0.47 | 5.69 |
| 榆 14 站 | 5.47 | 6.03 | 8.77 | 5.41 | 0.51 | 0.40 | 5.70 |
| 榆 15 站 | 5.75 | 7.21 | 9.18 | 3.60 | 0.20 | 0.50 | 5.61 |
| 榆 16 站 | 5.32 | 5.62 | 8.76 | 2.09 | 0.17 | 0.36 | 5.64 |
| 榆 18 站 | 5.09 | 6.63 | 8.83 | 0.69 | 0.32 | 0.20 | 5.75 |
| 榆 19 站 | 6.81 | 7.64 | 8.27 | 2.24 | 0.11 | 0.33 | 5.15 |
| 榆 20 站 | 5.29 | 5.92 | 9.37 | 0.83 | 0.08 | 0.23 | 5.68 |
| 榆 21 站 | 5.65 | 6.02 | 7.50 | 3.74 | 0.36 | 0.23 | 5.33 |
| 平均 | 5.64 | 6.10 | 8.10 | 3.70 | 0.27 | 0.34 | 5.59 |

**2）单井稳产期预测**

综合运用多种方法，如压降速率折算法、产量不稳定法、数值模拟法等，对目前榆林气田南区产量平稳、井口压力大于 5.6MPa 的气井进行稳产期预测。

压降速率折算法主要以井口压力递减规律研究所用图版为基础，通过对油压和时间的关系拟合，得到气井稳产期（图 6-1），该方法适合稳产时间长、油压与时间呈线性关系或指数关系的井。

产量不稳定法是将气井油套压数据折算成气层中深压力，然后进行图版拟合，初步建立单井动态模型，并进行压力历史拟合，以准确地预测气井稳产期。

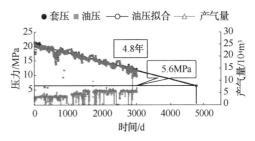

图 6-1 压降速率折算法预测气井稳产期

数值模拟法主要建立气藏地质模型，并对单井进行历史拟合，拟合气井井口压力，预测气井稳产期。

基于以上方法，以各气井目前产量为依据，对榆林气田南区 135 口气井进行单井稳产期预测，其中 2016 年 8 月前需要增压气井 61 口，2016 年 8~12 月需要增压气井 54 口，2017 年 4 月增压气井 32 口，2017 年 4 月以后增压气井 24 口，部分预测结果见表 6-3。生产动态分析表明，预测增压时机可靠，目前 83.4%气井已进入定压降产阶段，气田生产能力急剧下降。

表 6-3 榆林气田南区单井增压时机预测

| 井号 | 增压时机 | 井号 | 增压时机 | 井号 | 增压时机 |
|---|---|---|---|---|---|
| 榆 49-4A 井 | 2016 年 4 月 | 榆 28-2 井 | 2016 年 8 月 | 榆 45-11 井 | 2016 年 8 月 |
| 榆 45-01 井 | 2016 年 7 月 | 统 33-13 井 | 2016 年 8 月 | 榆 43-9 井 | 2016 年 8 月 |
| 榆 34-0 井 | 2016 年 7 月 | 榆 27-3 井 | 2016 年 8 月 | 榆 44-11 井 | 2016 年 8 月 |
| 榆 49-8 井 | 2016 年 7 月 | 榆 29-2 井 | 2016 年 8 月 | 榆 46-12 井 | 2016 年 8 月 |
| 榆 44-1 井 | 2016 年 8 月 | 榆 30-01 井 | 2016 年 8 月 | 榆 43-2 井 | 2016 年 8 月 |
| 榆 44-3 井 | 2016 年 8 月 | 榆 50-4 井 | 2016 年 8 月 | 榆 44-2 井 | 2016 年 8 月 |
| 榆 30-0 井 | 2016 年 8 月 | 榆 149 井 | 2016 年 8 月 | 榆 45-9 井 | 2016 年 8 月 |

| 井号 | 增压时机 | 井号 | 增压时机 | 井号 | 增压时机 |
|---|---|---|---|---|---|
| 榆 43-2A 井 | 2016 年 9 月 | 榆 49-3B 井 | 2017 年 3 月 | 榆 48-8 井 | 2017 年 4 月 |
| 榆 46-4 井 | 2016 年 9 月 | 榆 46-9 井 | 2017 年 3 月 | 陕 209 井 | 2017 年 4 月 |
| 榆 27-01 井 | 2016 年 9 月 | 榆 47-11 井 | 2017 年 3 月 | 榆 50-7 井 | 2017 年 4 月 |
| 榆 29-0 井 | 2016 年 11 月 | 榆 40-0 井 | 2017 年 3 月 | 榆 48-7 井 | 2017 年 4 月 |
| 榆 48-7A 井 | 2016 年 11 月 | 榆 138 井 | 2017 年 3 月 | 榆 42-4 井 | 2017 年 4 月 |
| 榆 28-0 井 | 2016 年 11 月 | 榆 44-10 井 | 2017 年 3 月 | 榆 50-8 井 | 2017 年 5 月 |
| 榆 43-3 井 | 2016 年 12 月 | 榆 42-0 井 | 2017 年 3 月 | 榆 48-6 井 | 2017 年 5 月 |
| 榆 47-10 井 | 2016 年 12 月 | 榆 42-2 井 | 2017 年 3 月 | 榆 49-7 井 | 2017 年 5 月 |
| 榆 47-9B 井 | 2016 年 12 月 | 榆 37 井 | 2017 年 4 月 | 榆 49-6 井 | 2017 年 5 月 |
| 榆 43-8 井 | 2016 年 12 月 | 榆 44-4 井 | 2017 年 4 月 | 榆 47-7 井 | 2017 年 5 月 |
| 榆 43-0 井 | 2016 年 12 月 | 榆 44-1 井 | 2017 年 4 月 | 榆 42-03 井 | 2017 年 5 月 |
| 榆 48-4 井 | 2017 年 1 月 | 榆 28-3 井 | 2017 年 4 月 | 榆 49-5 井 | 2017 年 6 月 |
| 榆 47-9 井 | 2017 年 1 月 | 陕 215 井 | 2017 年 4 月 | 榆 29-1 井 | 2017 年 7 月 |
| 统 3 井 | 2017 年 1 月 | 榆 46-6 井 | 2017 年 4 月 | 榆 44-03B 井 | 2017 年 8 月 |
| 榆 43-5 井 | 2017 年 1 月 | 榆 47-6 井 | 2017 年 4 月 | 榆 42-6 井 | 2017 年 8 月 |
| 榆 43-1 井 | 2017 年 2 月 | 榆 47-5 井 | 2017 年 4 月 | | |

结合分析测试成果得到了产能方程(表6-4)。

**表6-4 气体产能方程**

| 井号 | 稳定二项式产能方程 | 指数式产能方程 |
|---|---|---|
| 榆 34-15 井 | $P_R^2-P_{wf}^2=0.0749q^2+38.36q$ | $q=0.033(P_R^2-P_{wf}^2)^{0.954}$ |
| 榆 44-17 井 | $P_R^2-P_{wf}^2=0.2097q^2+42.11q$ | $q=0.034(P_R^2-P_{wf}^2)^{0.916}$ |
| 榆 43-2A 井 | $P_R^2-P_{wf}^2=0.0128q^2+2.80q$ | $q=0.496(P_R^2-P_{wf}^2)^{0.884}$ |
| 榆 44-9 井 | $P_R^2-P_{wf}^2=1.1558q^2+0.872q$ | $q=0.5479(P_R^2-P_{wf}^2)^{0.7855}$ |
| 榆 44-18 井 | $P_R^2-P_{wf}^2=1.0209q^2+12.51q$ | $q=0.1599(P_R^2-P_{wf}^2)^{0.7596}$ |
| 榆 45-3 井 | $P_R^2-P_{wf}^2=0.1145q^2+27.545q$ | $q=0.047(P_R^2-P_{wf}^2)^{0.941}$ |
| 榆 46-6 井 | $P_R^2-P_{wf}^2=0.0176q^2+3.203q$ | $q=0.507(P_R^2-P_{wf}^2)^{0.859}$ |
| 榆 47-6 井 | $P_R^2-P_{wf}^2=0.228q^2+0.606q$ | $q=1.821(P_R^2-P_{wf}^2)^{0.507}$ |
| 榆 49-6 井 | $P_R^2-P_{wf}^2=0.0435q^2+15.852q$ | $q=0.076(P_R^2-P_{wf}^2)^{0.955}$ |

利用简化修正等时试井测试资料得到了其产能方程,通过得到的二项式产能方程和指数式产能方程,求取了不同井底流压条件下的气井产量,绘制了气井 IPR 曲线,为气井目前合理产量确定提供了依据。

实例:榆 43-2A 稳定二项式产能方程: $P_R^2-P_{wf}^2=0.0128q^2+2.80q$ ,无阻流量 $q_{AOF}=35.32\times10^4 m^3/d$ ;稳定指数式产能方程: $q=0.496(P_R^2-P_{wf}^2)^{0.884}$ ,无阻流量 $q_{AOF}=32.88\times10^4 m^3/d$ 。其中二项式 IPR 曲线及指数式 IPR 曲线如图 6-2 和图 6-3 所示。

单井稳产期预测结果显示,同一集气站内气井增压时机差异较大。可根据单井稳产时间分区,并明确产量配比,为后期模拟预测提供依据。

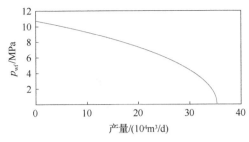

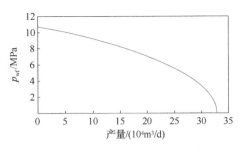

图 6-2　榆 43-2A 井二项式 IPR 曲线　　　　图 6-3　榆 43-2A 井指数式 IPR 曲线

**3) 集气站增压时机预测**

根据单井自然稳产期预测结果分析，各集气站井间稳产能力差异大，为减小各集气站内气井自然稳产期的差异，最大限度发挥气井和气田的稳产能力，首先利用递减分析法、产量不稳定分析法(RTA 软件)调整单井的稳产期，再用数值模拟法进行区块微调，从而使同一集气站气井增压时机尽量一致，在此条件下预测区块整体稳产趋势。

根据集气站增压时机预测方法，针对各集气站的气井进站最低压力，采用压降法对各集气站进站压力进行预测，以确定各集气站增压时机。预测榆 9 站、榆 10 站、榆 12 站增压时机(图 6-4~图 6-6)。

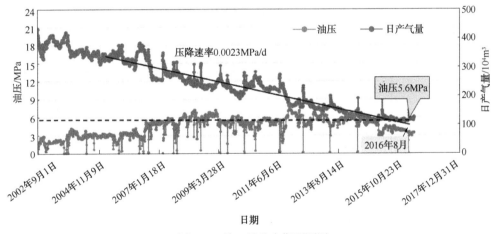

图 6-4　榆 9 站稳产期预测图

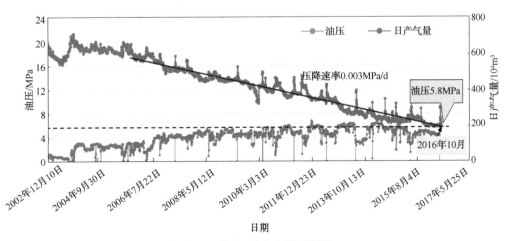

图 6-5　榆 10 站稳产期预测图

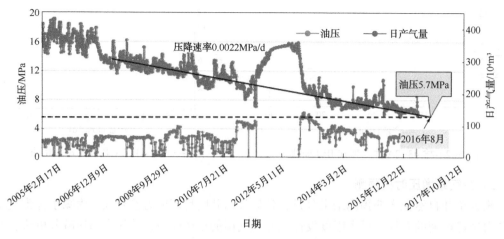

图 6-6　榆 12 站稳产期预测图

结合单井稳产期预测结果，并核实数值模拟模型，确保模型中各单井稳产期可靠、准确，在保证集气站产气量规模前提下，调整单井配产，使各井稳产一致，保证集气站统一增压时机。

通过以上方法，最终预测榆林气田南区 12 座集气站增压时机见表 6-5，其中 2016 年有 8 个集气站需要增压，2017 年有 4 个集气站需要增压。可知榆林气田南区主要将于 2016 年进行增压，截至 2017 年 4 月底，气田已全面进入定压递减阶段。

表 6-5　榆林气田南区集气站增压时机预测

| 站点 | 增压时机 | 站点 | 增压时机 |
| --- | --- | --- | --- |
| 榆 9 站 | 2016 年 6 月 | 榆 10 站 | 2016 年 12 月 |
| 榆 14 站 | 2016 年 8 月 | 榆 15 站 | 2016 年 12 月 |
| 榆 16 站 | 2016 年 8 月 | 榆 19 站 | 2017 年 1 月 |
| 榆 12 站 | 2016 年 10 月 | 榆 18 站 | 2017 年 1 月 |
| 榆 13 站 | 2016 年 12 月 | 榆 21 站 | 2017 年 4 月 |
| 榆 20 站 | 2016 年 12 月 | 榆 11 站 | 2017 年 5 月 |

## 6.1.2　增压方式优选

**1）增压方式简介**

（1）井场增压。

在井口安装压缩机，通过小口径管道将天然气中压输送到集气站或净化厂，该增压方式的最大优点：①能延长气井生产周期，提高单井的采收率；②调度灵活、可操作性好，各类低压气田均可采用。缺点：①对整装开发的大型低压气田，井多，压缩机数量大，设备投资费用高，经济上不合算；②井场流程复杂，由于气井产水和少量的凝析油，还需在井场设置气液分离装置，无法实现井场的无人值守；③管理点分散、增加了运行操作费用，不利于整个集输系统的管理与维护，难以产生经济效益。

（2）集气站增压。

该增压方式利用井口压力，将天然气输送到集气站集中增压，国外称这种增压方式为中心压缩系统，美国整装开发的煤层气田采用这种典型的中心压缩系统，该增压方案具有以下三个方面的优点：①将压缩机布置在集气站，有利于集中控制和自动化，较单井压缩和独立设置增压站节省建设和操作费用；②压缩机与集气站合建，不需要单独设置预处理装置，减少了设备投资；③在集气-增压站，多台压缩机可以共用一套辅助设施，当某压缩机计划维护或因故维修时，可通过调节其他压缩机的转速或气缸余隙等来适应生产要求。

（3）管网系统中单独设置卫星增压站或进行区域性增压。

该增压方式将几口井产出的低压气、液混合物通过采气管线集中到小型压缩机站，增压后将天然气中压输往集气站或净化厂，形成了井场→增压站→集气站→集中处理厂（净化厂）的四级布站形式，国外称这种增压方式为卫星压缩系统。

与方案二相比，其优势在于：①压缩机在集气站外设置，增大了集气半径，可以充分利用地层压力，延长气田增压时间；②在增压站增压，加大了管网调度的灵活性；③压缩机设置位置较集气站内压缩机靠近井口，入口压力高，压比减小，压缩机能耗降低，排气量增大；④实施该方案，可以有效地避免在集气站脱水脱烃后增压外输，导致水露点随压力升高的现象。缺点：①压缩机入口为湿气，不利于压缩机可靠、安全运行；②增压站多且分散，设备投资巨大、操作运行费用高；③增压站无法实现无人值守，增加了管理、运营难度。

如果将压缩机站设置在集气站之后，就形成了区域性增压方式，与设置卫星增压站方式相比，所辖气井数增加，压缩机数量减少，投资相应降低，由于处理后的天然气较干净，有利于压缩机可靠运行，其站位可设置在集气干线上，数量可多可少，方便调整，形成了井场→集气站→增压站→集中处理厂（净化厂）的四级布站形式。但管网调度的灵活性比设置卫星增压站差。

（4）在集气总站或净化厂集中增压。

将气体送到集气总站或净化厂进行集中处理与增压，当气田进入中后期生产，各集气站处压力差别很大，一旦某集气站气体进不了集气干线，可采用以下方法：①改造管网，如果气田气井产量和压力波动大，管网改造往往适应性差，并不适用大型气田的整体增压；②进行集气干线降压，即通过降低集气总站或净化厂的入口压力，来降低集气干线全线输送压力，从而降低沿线各井区集气站进入集气干线的压力。该方案动一点而及全线，较容易实施。但在气田开发的中、后期，集气总站或净化厂的入口压力降幅相当有限，并且沿线各集气站所辖井区气井压力，并非随集气总站或净化厂的进站压力线性下降，当进站压力降到某一极限值后，沿线各点输压下降速度将非常缓慢，离集气总站或净化厂越远的集气站，输压降低越不明显。另外，降低集气总站或净化厂的进站压力，为满足系统外输压力要求，压比将升高，根据压比与排量的关系可知，压比升高，排量降低，势必导致在集气总站或净化厂设置更多的压缩机和扩大压缩机站的规模，增加集气总站或净化厂投资和运行费用。因而，采用单纯的集气总站或净化厂增压工艺，局限性大，集输系统调度灵活性差。

实际的气田增压方式与开发方案、采气方法、地理环境、地方社会因素等有关，根据不同增压方式优缺点，优选组合确定最终增压方式（见表6-6）。

表6-6  不同增压方式优缺点分析

| 方案 | 优点 | 缺点 |
| --- | --- | --- |
| 集中增压 | 增压站数量少，管理点少，运行维护费用低 | 需对地面集输管网进行改造，总投资最高 |
| 区域增压 | 增压站数量较少，管理点较少，运行维护费用较低 | 地面集输管网需进行局部改造；增压能耗较高，总投资较高 |

| 方案 | 优点 | 缺点 |
|---|---|---|
| 集气站增压 | 建设投资最低,总投资最低;地面集输管网不需进行改造 | 增压站数量最多,管理点多;运行维护费用高 |
| 单井增压 | 单井建增压站,有效提高单井产能,管线不需要改造 | 增压站数量很大,管理难度大,总投资高 |

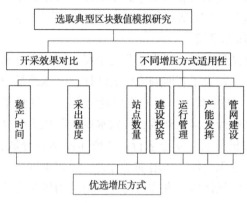

图6-7 优选增压方式流程

**2) 选择增压方式**

针对气田开发后期三种不同增压方式(单井增压、集气站增压、区域增压)开展数值模拟预测气藏开发指标,对比增压效果,并结合榆林气田南区集输管网、增压时机等,综合分析不同增压方式的适用性,最终优选增压方式(图6-7)。

选取榆林气田南区陕215及榆37区块(包括榆9站、榆10站、榆12站)(图6-8),考虑单井增压、集气站增压和区域增压三种方式。利用数值模拟,井口压力分别为 6.4MPa、4.0MPa、3.0MPa、2.0MPa、1.0MPa、0.5MPa、0.25MPa,预测时间30年,共计21个方案,预测稳产期、采出程度等开采指标,优选增压方式。

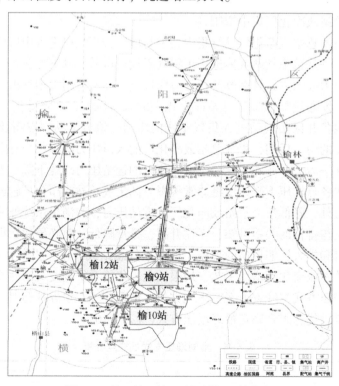

图6-8 榆9站、榆10站及榆12站分布

(1) 设计方案。

① 按照气井的合理产能,并参考生产配产进行调整形成基础配产再进行单井配产,确

定单井增压时机预测；以单井为增压单元，进行单井增压效果预测。

② 根据站内单井增压时机预测结果，调整单井配产使站内气井稳产期一致，确定集气站增压时机；以集气站为独立增压单元，进行集气站增压方式效果预测。

③ 选择增压时机相近、区域位置相邻的集气站，进行区域增压方式效果预测。

（2）方案预测结果分析。

三种增压方式共21套数模方案，对预测指标结果进行统计，由分析柱状图（图6-9~图6-16）及采出程度增量曲线图（图6-17）可以看出：三种增压方式（单井增压、集气站增压、区域增压）下的开发指标，在井口压力相同条件下，即日产气量曲线和累计产气量曲线非常接近，指标的差异只是由于增压时间略有早晚引起而已。同样地，对比增压稳产期和采出程度等统计指标，结果也是一样。不同增压方式下的开发效果指标接近；增压方式的优选主要取决于经济及工程等因素。

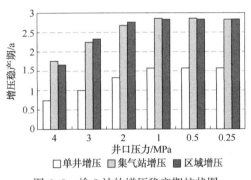

图 6-9　榆 9 站的增压稳产期柱状图

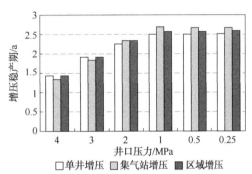

图 6-10　榆 10 站的增压稳产期柱状图

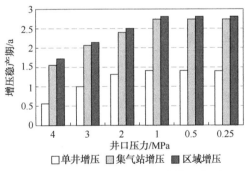

图 6-11　榆 12 站的增压稳产期柱状图

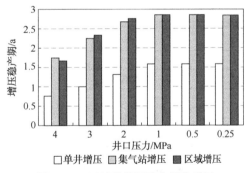

图 6-12　区域的增压稳产期柱状图

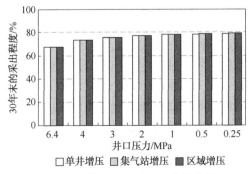

图 6-13　榆 9 站的采出程度柱状图

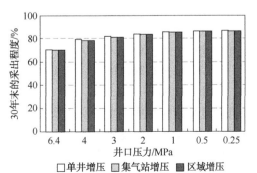

图 6-14　榆 10 站的采出程度柱状图

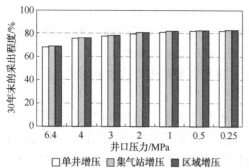

图 6-15　榆 12 站的采出程度柱状图

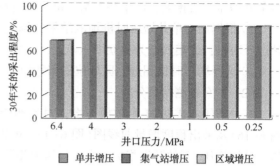

图 6-16　区域的采出程度柱状图

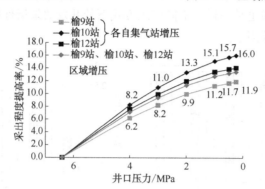

图 6-17　不同井口压力条件下采出程度增量曲线

**3）优选结果**

依据榆林南区管网分布、增压时机等，最终优选采用区域增压方式，需建 4 个增压站（表 6-7）。

表 6-7　榆林南区增压站及所辖站点

| 增压站名称 | 所辖站点 |
| --- | --- |
| 三厂村增压站 | 榆 16 站、榆 18 站、榆 19 站 |
| 榆 9 增压站 | 榆 9 站、榆 10 站、榆 11 站、榆 13 站、榆 20 站 |
| 榆 12 增压站 | 榆 12 站、榆 15 站 |
| 榆 21 增压站 | 榆 21 站 |

## 6.1.3　模型建立与历史拟合

**1）建立储层属性模型**

根据气藏储层砂岩分布、物性特征，运用 Petrel 三维地质模型软件，进行岩相模拟，并采用相控建模技术，根据不同岩相的储层参数如有效厚度、孔隙度、渗透率及含气饱和度等，分不同岩相进行随机模拟，反映储层物性及流体分布特征，建立相应的储层参数模型。

（1）孔隙度模型。

孔隙度采用相控序贯高斯模拟算法，序贯高斯模拟是以高斯概率理论和序贯模拟算法产生连续空间变量分布的随机模拟方法。序贯高斯模拟为产生多变量高斯场的实现提供了最直观的算法。模拟过程是从一个像元到另一个像元序贯进行的，用于建立局部累计条件概率分布的数据不仅包括原始条件数据，而且要考虑模拟过的数据。从局部累计条件概率分布中随机抽取分位数便可得到一个像元点的模拟数据。序贯高斯模拟的输入有变量的统计参数、变差函数和条件数据。序贯高斯模拟是应用较为广泛的连续变量的模拟方法,用序贯高斯模拟的孔隙度模型如图6-18所示。

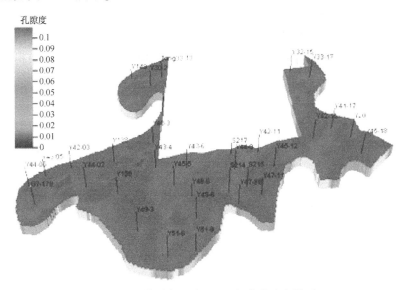

图6-18　榆林气田南区山$_2$气藏孔隙度模型

(2)渗透率模型。

渗透率是储集层特性中的关键参数,也是最好的空间敏感变量。但目前尚没有一种专门用于渗透率分布建模的方法,在实际工作中,我们可以利用基于同位协同克里金的序贯高斯模拟方法对其进行描述,需强调的是,在模拟前必须进行数据转换,使之符合序贯高斯模拟算法的要求,即待模拟变量要服从正态分布。渗透率的模拟以孔隙度为第二变量进行协同模拟。将孔隙度模型与渗透率模型相比可以看出两者具有较好的相似性(图6-19)。同时,考虑利用试井、RTA解释渗透率,对渗透率分布进行修正约束。

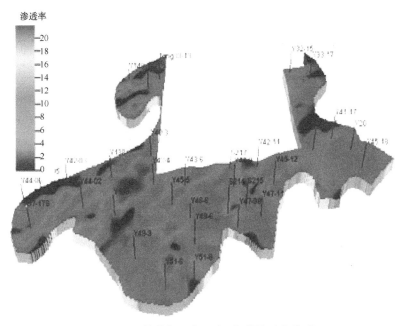

图6-19　榆林气田南区山$_2$气藏渗透率模型

根据目前生产井的测试和生产动态特征，在榆 37 区块南部存在弱边底水。根据测井解释成果统计判断气水界面位置在-1800～-1810m。而根据理论计算值（气水井压力法）平均后得到气水界面位置为-1805.66m，二者接近。

在纯气区，在数据分析及得到的变差函数模型基础上，在岩相控制下，采用相控序贯高斯模拟算法模拟得到含气饱和度分布；而在边水区，含气饱和度利用气水界面约束得到(图 6-20)。

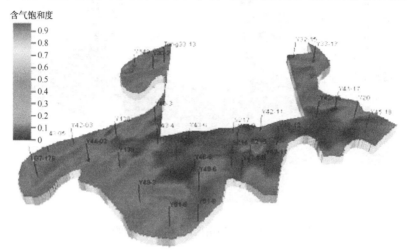

图 6-20　榆林气田南区山₂气藏含气饱和度模型

**2）建立气藏数值模拟模型**

根据榆林气田南区储层地质特征，建立三维地质模型，反映储层的厚度、形态、孔隙度、渗透率等属性的三维空间分布，结合气田流体性质、气体渗流特征，单井生产历史，建立气田数值模拟模型，并对模型进行拟合、修正，完善地质模型，为后期预测气田增压开发效果、编制气藏增压方案提供可靠的依据。

根据建立的榆林气田南区山₂气藏地质模型，结合储层流体参数、渗流特征等，建立气藏数值模拟模型，模拟模型选用气水两相黑油模型。模型网格步长为 600m×600m，总网格数为 268×443×2＝237448 个，总井数为 170 口，单井废弃产量为 0.1×10⁴m³，具体模型如图 6-21 所示。

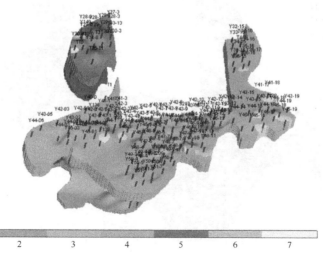

图 6-21　榆林气田南区山₂数值模拟基础模型

（1）气藏岩石、流体物性参数。

榆林气田南区气藏流体物性参数、气水相对渗透率曲线以及气体高压物性参数等由实验测试成果报告所得，其中，气水相对渗透率曲线在历史拟合过程中进行了相应调整，具体数据见表6-8和表6-9。

表6-8　榆林气田南区山₂气藏物性标量数据

| 项目 | 岩石压缩系数/<br>（1/bars） | 天然气<br>相对密度 | 地层水<br>相对密度 | 地层水黏度/<br>（mPa·s） | 地层水体积系数 | 地层水压缩系数/<br>（1/bars） |
|---|---|---|---|---|---|---|
| 数值 | $4.3974\times10^{-5}$ | 0.602 | 0.9452 | 0.4 | 1.029 | $2.98\times10^{-5}$ |

注：1bar＝100kPa。

表6-9　榆林气田南区山₂气藏气水相对渗透率数据

| $s_w$ | $K_{rg}$ | $K_{rw}$ | $s_w$ | $K_{rg}$ | $K_{rw}$ |
|---|---|---|---|---|---|
| 0.300 | 0.689 | 0 | 0.607 | 0.033 | 0.037 |
| 0.350 | 0.547 | 0.003 | 0.646 | 0.012 | 0.045 |
| 0.390 | 0.432 | 0.008 | 0.685 | 0.004 | 0.081 |
| 0.449 | 0.298 | 0.012 | 0.725 | 0 | 0.109 |
| 0.488 | 0.183 | 0.016 | 0.750 | 0 | 0.151 |
| 0.528 | 0.124 | 0.022 | 0.800 | 0 | 0.203 |
| 0.567 | 0.054 | 0.029 | 0.900 | 0 | 0.351 |

榆林南流体物性数据由分析实验所得，见表6-10及图6-22～图6-25。

表6-10　气相高压物性数据

| $P_{res}$/MPa | $Z_g$ | $V_g$/（mPa·s） | $P_{res}$/MPa | $Z_g$ | $V_g$/（mPa·s） |
|---|---|---|---|---|---|
| 0.1 | 0.998 | 0.0128 | 14.87 | 0.904 | 0.0167 |
| 1.29 | 0.986 | 0.0131 | 16.57 | 0.905 | 0.0172 |
| 2.99 | 0.965 | 0.0135 | 18.27 | 0.908 | 0.0178 |
| 4.69 | 0.948 | 0.0141 | 20.81 | 0.916 | 0.0187 |
| 6.39 | 0.934 | 0.0144 | 22.51 | 0.923 | 0.0193 |
| 8.09 | 0.923 | 0.0148 | 24.21 | 0.932 | 0.0200 |
| 9.78 | 0.914 | 0.0152 | 25.91 | 0.941 | 0.0205 |
| 11.48 | 0.908 | 0.0156 | 27.61 | 0.953 | 0.0211 |
| 13.18 | 0.905 | 0.0161 | 29.31 | 0.965 | 0.0218 |

（2）气田历史拟合。

气藏开采过程中，利用气井动态监测取得的资料结合气藏开发的产量、压力资料进行数值模拟动态跟踪评价研究，进一步验证气藏静、动态地质模型和储量计算参数场。模拟过程主要采用定产求压的方式，按照实际产量配产生产，拟合实际观测井口压力和井底测试压力。

为了确保拟合的准确性，首先认真分析、整理了单井生产历史，绘制了各生产井的压力、采气变化曲线，通过调整影响单井最敏感的参数以再现气井的生产历史，进行气井的动态跟踪研究，达到了气藏绝大多数气井理想的拟合效果。首先对全区产量、压力开发指标进行拟合。整理170口气井生产动态数据，包括日产气量、日产水量、油套压力、流压测试、试气等动态生产资料，并按照数模格式加入建模输出的静态模型，最终形成数模初始模型。

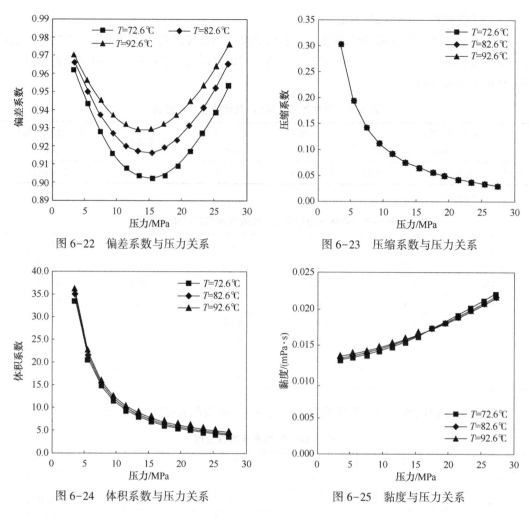

图 6-22　偏差系数与压力关系

图 6-23　压缩系数与压力关系

图 6-24　体积系数与压力关系

图 6-25　黏度与压力关系

在历史拟合过程中，通过对地质模型不确定性参数(如孔隙度、有效厚度、初始含气饱和度等)进行调整，拟合气田地质储量；在气田及单井拟合中，调整局部区块敏感性参数(如渗透率、孔隙度、有效厚度以及污染系数、气水相渗曲线等)，以再现气井的生产历史，进行气井的动态跟踪研究，达到了气藏绝大多数气井理想的拟合效果。在模型拟合过程中，加载测试成果报告体现了试井解释产能系数以及表皮系数等解释成果(表 6-11 和表 6-12)，保证了模型的准确性和可靠性，使气田地质模型更加完善，为后期气田增压提供了可靠的地质模型(榆林气田南区模型拟合储量为 $550 \times 10^8 m^3$)。

表 6-11　压力恢复试井气体产能系数解释成果

| 井号 | 模型 | 地层压力/ MPa | 产能系数/ ($10^{-3} \mu m^2 \cdot m$) | 渗透率/ $10^{-3} \mu m^2$ | 井筒储集系数/ ($m^3$/MPa) | 裂缝半长/ m | 半径参数 |
|---|---|---|---|---|---|---|---|
| 榆 44-3 井 | 定井储+裂缝有限传导+均质油藏 | 27.1 | 5 | 0.37 | 5.6 | 71 | — |
| 榆 45-3 井 | 定井储+裂缝有限传导+径向复合模型 | 27.4 | 3.5 | 0.252 | 10.6 | 59.5 | 复合半径为 180m |
| 榆 45-11 井 | 定井储+裂缝有限传导+均质油藏模型 | 26.8 | 3.55 | 0.538 | 12.1 | 68 | — |

| 井号 | 模型 | 地层压力/MPa | 产能系数/($10^{-3}\mu m^2 \cdot m$) | 渗透率/$10^{-3}\mu m^2$ | 井筒储集系数/($m^3$/MPa) | 裂缝半长/m | 半径参数 |
|---|---|---|---|---|---|---|---|
| 榆46-12井 | 定井储+无限导流垂直裂缝+平行边界 | 25.3 | 1.15 | 0.103 | 6.12 | 62 | 边界距离:$L_1=820m$, $L_2=521m$ |
| 榆47-10井 | 定井储+裂缝有限传导+径向复合模型 | 26.3 | 23.5 | 3.91 | 3.5 | 64 | 复合半径为360m |

表6-12 气井表皮系数解释成果

| 井号 | 制度 | 模型 | 地层压力/MPa | 地层系数/($10^{-3}\mu m^2 \cdot m$) | 渗透率/$10^{-3}\mu m^2$ | 井筒储集系数/($m^3$/MPa) | 裂缝半长/m | 表皮系数 | 半径参数 |
|---|---|---|---|---|---|---|---|---|---|
| 陕215井 | 试采段+恢复段 | 定井储+均质油藏+平行边界 | 27.2 | 85 | 8.85 | 2.2 | — | -2.04 | 边界距离:$L_1=576m$, $L_2=491m$ |
| 榆44-12井 | 试采段+恢复段 | 定井储+有限导流+均质油藏 | 27.35 | 4.84 | 0.781 | 18.5 | 53 | 0.3 | — |
| 榆45-10井 | 恢复段 | 定井储+径向复合+无限大模型 | 27.2 | 11.5 | 1.23 | 12.8 | — | -2.5 | 复合半径为327m; 流度比为6.84 |
| 榆45-18井 | 恢复段 | 定井储+裂缝有限传导+均质油藏 | 23.9 | 7.69 | 1.08 | 3.1 | 45 | -0.24 | 边界为231m |
| 榆46-18井 | 恢复段 | 定井储+裂缝有限传导+均质油藏 | 17.2 | 2.8 | 0.39 | 4.8 | 59 | 0.89 | — |

# 6.2 变规模增压开采模式

## 6.2.1 增压方案设计难点

基于地面工程分析结果,当压力下降气体膨胀,在管网管容一定的情况下,管网集输能力下降(图6-26),若要维持原有集输能力必须铺设复线。增压井口压力越低,增压规模越大,需要铺设的复线越多,投资越大。需综合考虑管网集输能力、气藏开采效果、经济评价等因素进行增压模式设计。

## 6.2.2 增压模式优化设计

井口压力不同,气井采气管道集输能力不同,井口压力降低,同样采气管道集气能力相应下降。因此,在采气管道不变的情况下,井口压力越小,气田后期增压年生产规模小。综合考虑各因素(图6-27),根据不同的增压开采目标,设计充分考虑气田后期增压地面管线输送能力，形成稳产增压、变规模增压、降产增压三种增压模式，17套增压方案，通过对比经济及气藏开采指标优选增压模式。

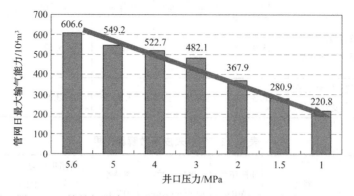

图6-26 榆林气田南区不同井口压力下采气管线最大输送能力

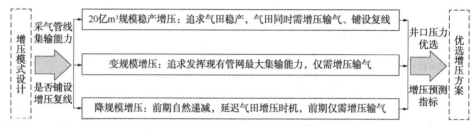

图6-27 增压模式优化设计技术路线

结合不同井口压力，核实气田采气管线最大集输能力，在气田不建设集输复线时，设计气田变规模降产增压开采模式，实现气田有规模、有效益地开发。根据气田各集气站地面运行状况，估算各集气站不同井口压力的采气管线最大集输能力，计算气田相应的生产规模（表6-13）。

表6-13 不同井口压力下采气管线最大输送能力 单位：$10^4\text{m}^3/\text{d}$

| 站点 | 增压井口压力 | | | | | |
|---|---|---|---|---|---|---|
| | 5.0/MPa | 4.0/MPa | 3.0/MPa | 2.0/MPa | 1.5/MPa | 1.0/MPa |
| 榆9站 | 85.3 | 81.3 | 76.4 | 56.1 | 44.1 | 33.4 |
| 榆10站 | 29.4 | 28.5 | 26.4 | 19.6 | 15.4 | 12.5 |
| 榆11站 | 78.9 | 77.2 | 73.5 | 58.6 | 42.2 | 31.9 |
| 榆12站 | 135.8 | 127.9 | 111.1 | 72.5 | 53.5 | 41.9 |
| 榆13站 | 37.6 | 36.1 | 34.0 | 28.1 | 21.6 | 18.1 |
| 榆14站 | 52.0 | 48.6 | 44.7 | 37.4 | 28.8 | 21.1 |
| 榆15站 | 41.0 | 35.3 | 30.4 | 20.5 | 14.8 | 10.7 |
| 榆16站 | 38.3 | 37.6 | 36.2 | 31.2 | 25.2 | 21.4 |
| 榆18站 | 2.1 | 2.1 | 2.1 | 2.1 | 1.9 | 1.8 |
| 榆19站 | 23.7 | 23.7 | 23.7 | 21.9 | 16.7 | 13.8 |
| 榆20站 | 4.6 | 4.6 | 4.6 | 4.6 | 4.6 | 4.6 |
| 榆21站 | 20.5 | 19.8 | 19.0 | 15.3 | 12.1 | 9.6 |
| 合计 | 549.2 | 522.7 | 482.1 | 367.9 | 280.9 | 220.8 |

**1）稳产增压模式**

预测气田 $20\times10^8m^3/a$ 自然稳产至 2016 年 12 月，气田保持 $20\times10^8m^3/a$ 稳产增压，设计不同增压最低井口压力条件下（图 6-28）气藏开采指标。增压井口压力越低，增压稳产期越长，递减越晚。

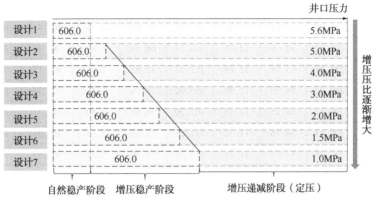

图 6-28　气田维持 $20\times10^8m^3/a$ 稳产增压设计

在榆林气田南区地质模型调整的基础上，设计不同井口压力为 5.6MPa、5.0MPa、4.0MPa、3.0MPa、2.0MPa、1.5MPa、1.0MPa，对气田 $20\times10^8m^3/a$ 生产规模开发潜力进行预测（图 6-29、表 6-14）。

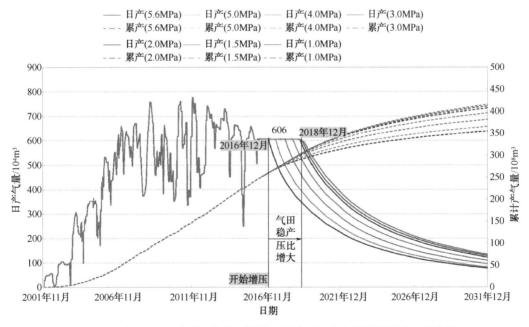

图 6-29　气田 $20\times10^8m^3/a$ 规模不同井口压力下日产气量及累计产气量曲线

若气田保持 $20\times10^8m^3/a$ 规模生产，需弥补管网集输能力，增压井口压力越低，弥补管网集输能力越大（图 6-30），投资越大。

数值模拟预测表明，井口压力从 5.6MPa 降到 1.5MPa（图 6-31），气田稳产期延长 2 年，30 年末累计采出量增加 $53.66\times10^8m^3$，采出程度提高 10.69%。结合气田稳产需增设集输复线，或单井进行增压，进行增压经济投资及内部收益率评价。

表 6-14　榆林南区 20×10⁸m³/a 规模不同井口压力条件下开发指标预测

| 井口压力/MPa | 稳产期末 | | | | 30 年末 | | | 废弃 | | |
|---|---|---|---|---|---|---|---|---|---|---|
| | 稳产时间 | 累计产气量/10⁸m³ | 采出程度/% | 地层压力/MPa | 累计产气量/10⁸m³ | 采出程度/% | 地层压力/MPa | 累计产气量/10⁸m³ | 采出程度/% | 地层压力/MPa |
| 5.6 | 2016 年 12 月 | 260.30 | 49.11 | 13.40 | 354.92 | 66.97 | 8.35 | 366.43 | 69.14 | 7.78 |
| 5.0 | 2017 年 5 月 | 268.52 | 50.66 | 13.01 | 365.14 | 68.89 | 7.85 | 380.46 | 71.79 | 7.09 |
| 4.0 | 2018 年 1 月 | 281.67 | 53.15 | 12.29 | 381.33 | 71.95 | 7.04 | 404.11 | 76.25 | 5.92 |
| 3.0 | 2018 年 6 月 | 289.89 | 54.70 | 11.90 | 395.92 | 74.70 | 6.33 | 426.53 | 80.48 | 4.80 |
| 2.0 | 2018 年 11 月 | 298.11 | 56.25 | 11.45 | 407.30 | 76.85 | 5.80 | 447.32 | 84.40 | 3.75 |
| 1.5 | 2018 年 12 月 | 300.83 | 56.76 | 11.32 | 411.58 | 77.66 | 5.55 | 456.94 | 86.21 | 3.26 |
| 1.0 | 2019 年 1 月 | 302.48 | 57.07 | 11.23 | 415.01 | 78.30 | 5.38 | 466.89 | 88.09 | 2.75 |

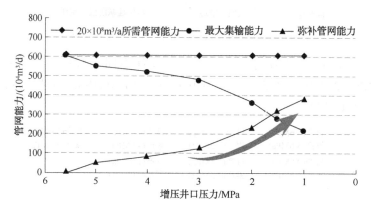

图 6-30　气田 20×10⁸m³/a 规模生产管网集输能力分析

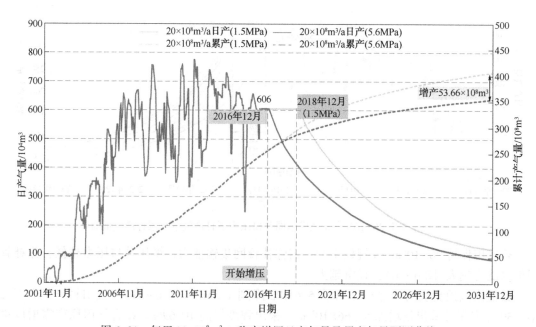

图 6-31　气田 20×10⁸m³/a 稳产增压日产气量及累产气量预测曲线

**2) 变规模增压模式**

变规模增压模式是以气田现有管网在不同压力下最大集输能力进行生产的增压模式(图6-32),依据在不同井口压力下现有集输管网最大能力,设计增压模式,预测增压效果。

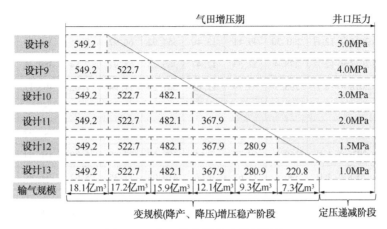

图6-32　气田变规模降产增压设计

利用数值模拟预测井口压力为5.0MPa、4.0MPa、3.0MPa、2.0MPa、1.5MPa、1.0MPa时的阶梯变规模增压模式开发效果(图6-33),预测开发指标见表6-15。

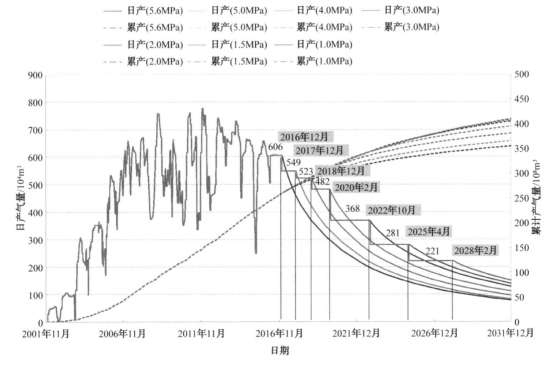

图6-33　变规模增压日产气量及累计产气量曲线图

(1)不同井口压力下增压方案投资估算。

针对井口压力1.0~5.0MPa六套方案进行增压开采工程方案设计,并进行投资估算,可以看出,随着井口压力的降低,增压工程投资逐步上升(表6-16)。

表 6-15　变规模情况下不同井口压力条件下开发指标预测

| 井口压力/MPa | 日产气量/$10^4 m^3$ | 增压期末 | | | | 30 年末 | | | 废弃 | | |
|---|---|---|---|---|---|---|---|---|---|---|---|
| | | 稳产时间 | 累计产气量/$10^8 m^3$ | 采出程度/% | 地层压力/MPa | 累计产气量/$10^8 m^3$ | 采出程度/% | 地层压力/MPa | 累计产气量/$10^8 m^3$ | 采出程度/% | 地层压力/MPa |
| 5.6 | 606.2 | 2016 年 12 月 | 260.30 | 49.11 | 13.40 | 354.92 | 66.97 | 8.35 | 366.43 | 69.14 | 7.78 |
| 5.0 | 549.2 | 2017 年 12 月 | 278.4 | 52.53 | 12.47 | 365.23 | 68.91 | 7.84 | 380.46 | 71.79 | 7.09 |
| 4.0 | 522.7 | 2018 年 12 月 | 295.7 | 55.79 | 11.63 | 381.29 | 71.94 | 7.05 | 404.11 | 76.25 | 5.92 |
| 3.0 | 482.1 | 2020 年 2 月 | 314.2 | 59.29 | 10.63 | 395.35 | 74.59 | 6.35 | 426.53 | 80.48 | 4.80 |
| 2.0 | 367.9 | 2022 年 10 月 | 346.6 | 65.40 | 8.76 | 405.08 | 76.43 | 5.85 | 447.32 | 84.40 | 3.75 |
| 1.5 | 280.9 | 2025 年 4 月 | 369.8 | 69.77 | 7.61 | 408.58 | 77.09 | 5.70 | 456.94 | 86.21 | 3.26 |
| 1.0 | 220.8 | 2028 年 2 月 | 390.4 | 73.67 | 6.60 | 410.05 | 77.36 | 5.62 | 466.89 | 88.09 | 2.75 |

表 6-16　榆林南区不同井口压力增压方案全部投资估算结果

| 增压方案 | | 增压工程总投资/万元 | 建设期利息/万元 | 流动资金/万元 | 合计/万元 |
|---|---|---|---|---|---|
| 5.0MPa | 区域增压 | 13630.34 | 559.49 | 3252 | 17441.83 |
| 4.0MPa | 区域增压 | 21055.11 | 864.87 | 5548 | 27467.98 |
| 3.0MPa | 集气站增压 | 27956.54 | 1186.63 | 6877 | 36020.17 |
| 2.0MPa | 集气站增压 | 30230.54 | 1280.16 | 7985 | 39495.70 |
| 1.5MPa | 集气站增压 | 30230.54 | 1280.16 | 8331 | 39841.70 |
| 1.0MPa | 集气站增压 | 31826.5 | 1346.8 | 8414 | 42481.97 |

（2）不同井口压力下增压方案成本费用测算。

增压方案中增加的生产成本与费用主要是增压站的运行成本，不同井口压力下增压开采增加的总成本费用、单位操作成本测算结果见表 6-17。

表 6-17　各增压方案评价期内增加的成本费用计算结果

| 增压方案 | | 经营成本/万元 | 总成本费用/万元 | 评价期内平均单位操作成本/(元/$10^3 m^3$) |
|---|---|---|---|---|
| 5.0MPa | 区域增压 | 30838 | 47426 | 258 |
| 4.0MPa | 区域增压 | 117018 | 140196 | 421 |
| 3.0MPa | 集气站增压 | 196329 | 230029 | 536 |
| 2.0MPa | 集气站增压 | 280237 | 317736 | 591 |
| 1.5MPa | 集气站增压 | 281087 | 320645 | 579 |
| 1.0MPa | 集气站增压 | 351279 | 390106 | 674 |

（3）技术经济评价与增压井口压力优选。

对不同井口压力增压方案投资作财务现金流量计算，根据评价结果可以看出，随着井口压力的下降，评价期内累计产气量增量和增压工程投资都在不断增加(表 6-18)。

表 6-18　财务现金流量指标汇总

| 井口压力/MPa | 增压方式 | 税前 | | | 税后 | | |
|---|---|---|---|---|---|---|---|
| | | 财务净现值/万元 | 内部收益率/% | 动态投资回收期/年 | 财务净现值/万元 | 内部收益率/% | 静态投资回收期/年 |
| 5.0 | 区域增压 | 24872.3 | 54.21 | 2.7 | 19135.87 | 46.44 | 3.4 |
| 4.0 | 区域增压 | 46048.83 | 40.67 | 4.4 | 33455.34 | 34.90 | 4.7 |
| 3.0 | 集气站增压 | 64927.83 | 29.36 | 5.2 | 44574.08 | 26.8 | 5.5 |
| 2.0 | 集气站增压 | 51126.26 | 26.11 | 5.7 | 22829.91 | 18.88 | 6.8 |
| 1.5 | 集气站增压 | 64239.39 | 24.75 | 6.5 | 37731.94 | 20.49 | 7.2 |
| 1.0 | 集气站增压 | 22759.77 | 15.47 | 8.5 | −1283.21 | 11.78 | 9.2 |

气藏采收率随井口压力降低而增加，低于 1.5MPa 采收率增幅变缓，井口压力从 5.6MPa 降到 1.5MPa，30 年末累计采出量增加 53.66×10$^8$m$^3$（图 6-34）。结合增压经济投资及内部收益率，优选合理井口压力如图 6-35 所示。当增压进行到井口压力约 1MPa 时，气田累产气量高、采出程度大，效益最好。

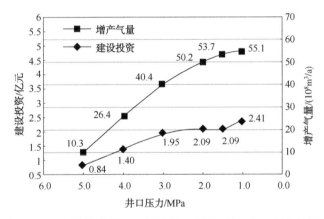

图 6-34　评价期内增压产量增量、建设投资与井口压力关系

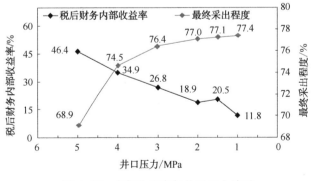

图 6-35　内部收益率与井口压力关系

### 3）降产增压模式

降产增压模式是气田稳产递减后，降到一定规模进行稳产增压的生产模式（图 6-36）。设计在气田 20×10$^8$m$^3$/a 规模生产自然递减后，以不同生产规模（15×10$^8$m$^3$/a、10×10$^8$m$^3$/a）进行增压开采，预测气田增压开采效果，设计气田增压铺设复线、不铺复线 4 种方案。

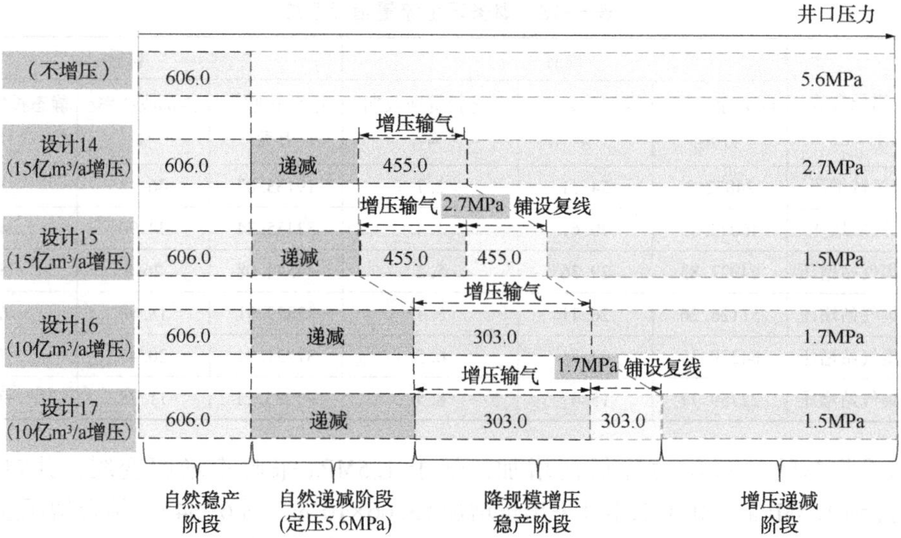
井口压力
（不增压）
606.0
5.6MPa
设计14
(15亿m³/a增压)
606.0
递减
增压输气
455.0
2.7MPa
增压输气
2.7MPa
铺设复线
设计15
(15亿m³/a增压)
606.0
递减
455.0
455.0
1.5MPa
增压输气
设计16
(10亿m³/a增压)
606.0
递减
303.0
1.7MPa
增压输气
1.7MPa
铺设复线
设计17
(10亿m³/a增压)
606.0
递减
303.0
303.0
1.5MPa
自然稳产
阶段
自然递减阶段
(定压5.6MPa)
降规模增压
稳产阶段
增压递减
阶段

图 6-36　气田降规模增压设计

（1）$15\times10^8m^3/a$ 规模增压。

预测 2018 年 4 月，气田生产规模降至 $15\times10^8m^3/a$ 能力，需要实施 $15\times10^8m^3/a$ 规模稳产增压，预测气田增压效果如图 6-37 所示。若不铺设复线，气田于 2020 年 12 月增压稳产结束，开始递减，30 年末累计产气量 398.1×$10^8m^3$；若 2020 年 12 月铺设复线，可保持气田 $15\times10^8m^3$ 再稳产 1.1 年，30 年末累计产气量 408.7×$10^8m^3$，相比设计 15 多产气 10.6×$10^8m^3$，具体开发指标见表 6-19。

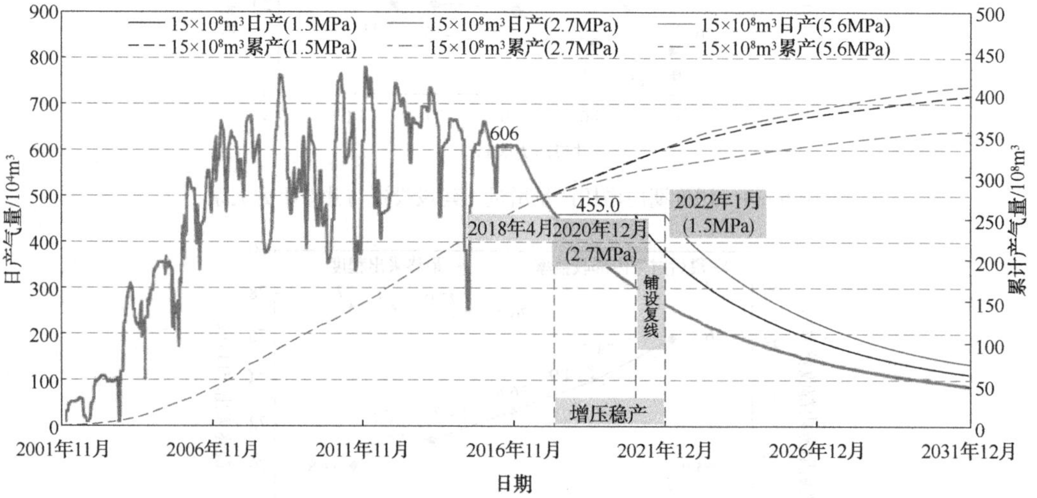
15×10⁸m³日产(1.5MPa)
15×10⁸m³日产(2.7MPa)
15×10⁸m³日产(5.6MPa)
15×10⁸m³累产(1.5MPa)
15×10⁸m³累产(2.7MPa)
15×10⁸m³累产(5.6MPa)
606
455.0
2018年4月
2020年12月
(2.7MPa)
2022年1月
(1.5MPa)
铺设复线
增压稳产
日产气量/10⁴m³
累计产气量/10⁸m³
日期
2001年11月
2006年11月
2011年11月
2016年11月
2021年12月
2026年12月
2031年12月

图 6-37　气田降产 $15\times10^8m^3/a$ 规模增压日产气量及累计产气量预测曲线

（2）$10\times10^8m^3/a$ 规模增压。

预测 2020 年 12 月，气田生产规模降至 $10\times10^8m^3/a$ 能力，需要实施 $10\times10^8m^3/a$ 规模稳产增压，预测气田增压效果如图 6-38 所示。若不铺设复线，气田于 2026 年 4 月增压稳产结束，开始递减，30 年末累计产气量 399.4×$10^8m^3$；若 2020 年 12 月铺设复线，可保持气田 $15\times10^8m^3$ 再稳产 6 个月，30 年末累计产气量 401.4×$10^8m^3$，相比设计 16 多产气 2.0×$10^8m^3$，具体开发指标见表 6-19。

表 6-19　榆林南区不同生产规模阶段增压开采预测指标对比

| 降规模增压设计 | 气田生产方式 | | 生产规模/ $10^8 m^3$ | 稳产期末 | | | | | 30 年末 | | |
|---|---|---|---|---|---|---|---|---|---|---|---|
| | | | | 增压时间 | 稳产时间 | 累计产气量/ $10^8 m^3$ | 采出程度/% | 地层压力/MPa | 累计产气量/ $10^8 m^3$ | 采出程度/% | 地层压力/MPa |
| 设计 1 | 不增压 | | 20 | — | 2016 年 12 月 | 260.30 | 49.11 | 13.4 | 354.92 | 66.97 | 8.35 |
| 设计 14 | 增压开采 | 不铺 | 15 | 2018 年 4 月 | 2020 年 12 月 | 322.50 | 60.85 | 10.21 | 398.10 | 75.11 | 6.15 |
| 设计 15 | | 铺复线 | 15 | 2018 年 4 月 | 2022 年 1 月 | 338.75 | 63.92 | 9.13 | 408.70 | 77.11 | 5.68 |
| 设计 16 | | 不铺 | 10 | 2020 年 12 月 | 2026 年 4 月 | 367.20 | 69.28 | 7.78 | 399.40 | 75.36 | 6.11 |
| 设计 17 | | 铺复线 | 10 | 2020 年 12 月 | 2026 年 10 月 | 372.70 | 70.32 | 7.49 | 401.40 | 75.74 | 6.02 |

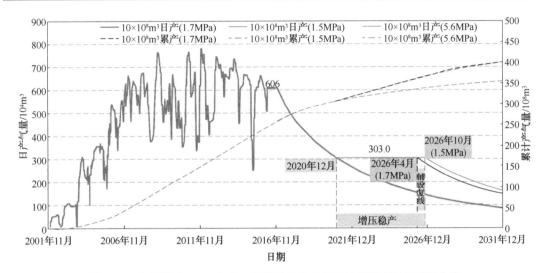

图 6-38　气田降产 $10 \times 10^8 m^3/a$ 规模增压日产气量及累计产气量预测曲线

## 6.2.3　增压模式优选

将三种模式下最优方案进行综合对比(表 6-20),对比不同增压模式开采指标及内部收益率(图 6-39),最终优选榆林气田南区采用井口压力 1.5MPa,变规模逐步降产增压模式为可执行方案。该方案 30 年末累计产气量 $408.58 \times 10^8 m^3$。采出程度 77.09%,内部收益率达 20.49%。相比无增压生产,采气量增加 $53.66 \times 10^8 m^3$,采收率提高 10.12%,该增压方案总体预测效果好。

表 6-20　榆林南区不同增压模式内部收益率评价结果

| 模式 | | 名称 | 增压时间 | 稳产期生产规模/ ( $10^8 m^3/a$ ) | 最低井口压力/MPa | 累计产气量/ $10^8 m^3$ | 税后财务内部收益率/% |
|---|---|---|---|---|---|---|---|
| 稳产增压 | 铺复线 | 设计 6 | 2016 年 12 月 | 20 | 1.5 | 411.58 | 4.56 |
| | 单井 | | | | | | 6.75 |
| 变规模增压 | 不铺复线 | 设计 12 | 2016 年 12 月 | 20.0→18.1→17.2→15.9→ 12.1→9.3→7.3 | 1.5 | 408.58 | 20.49 |
| 降产增压 | 不铺复线 | 设计 14 | 2018 年 4 月 | 15 | 2.7 | 398.10 | 8.11 |
| | 不铺复线 | 设计 16 | 2020 年 12 月 | 10 | 1.7 | 399.40 | 6.24 |

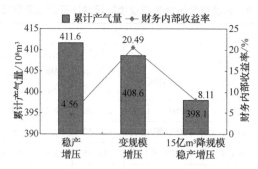

图 6-39　不同增压模式开采效果与经济指标对比

通过对增压时间、增压模式、井口压力等关键指标优化和现有管网集输能力研究，确定了榆林南区"变规模降产增压"开采单元序列（图 6-41），形成了与靖边（图 6-40）"稳产增压"模式不同的榆林"变规模降产增压"模式，与不增压相比在预测期末采出程度提高10.12%，提升了增压开采经济效益，为大型非均质岩性气藏增压开采模式。

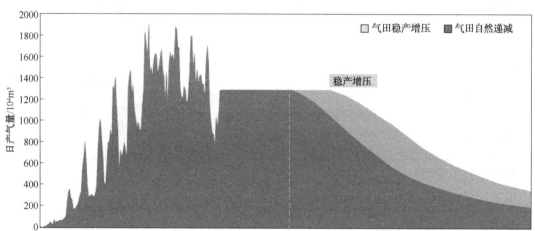

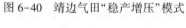

图 6-40　靖边气田"稳产增压"模式

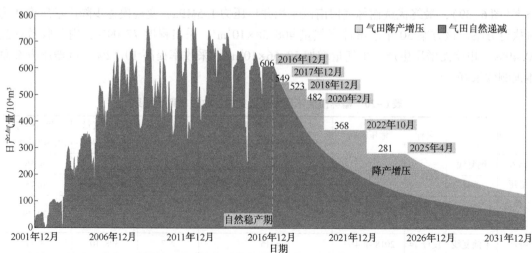

图 6-41　榆林南区"变规模降产增压"开采单元序列

# 第7章 气藏储量评价及井型井网优化技术

## 7.1 储层分布模式及储量分类

### 7.1.1 有效储层特征与分布模式

储层发育与否取决于砂岩孔隙的保留程度，储层的好坏与孔隙类型直接相关，最终都由沉积和成岩作用所控制。沉积因素对储层的控制作用主要表现为控制砂岩颗粒的粒度、结构成熟度和成分成熟度。不同的沉积环境具有不同的粒度分布、不同的颗粒成分(岩屑、长石或石英)，从而决定了它们不同的孔隙保存基础和成岩演化基础。

成岩作用类型包括压实、胶结、溶蚀和交代作用。其中，压实是在地层沉积过程中受到上覆岩层压力产生的岩石形变，是导致孔隙损失的主要因素。胶结形成的胶结物主要为碳酸盐类、黏土类和硅质类，多以充填孔隙或交代颗粒的方式出现，主要起降低孔隙度、渗透率的作用。

在储层物性评价的基础上，选择神木气田双3区块开展有效储层特征分析，再通过有效储层区域性精描，明确产层中有效砂体厚度、规模、空间分布规律，建立有效砂体发育模式，连通规律，结合生产动态进行有效砂体可动用分析。

**1) 有效储层厚度**

神木气田双3区块有效储层集中发育在太$_2$、山$_2$、山$_1$及盒$_8$段，具有多层系含气、气层分散分布的特征，有效储层多期错落叠置，形成累计厚度大、平面连片分布的结构特征(图7-1)。研究区盒$_8$段至太原组有效储层厚度范围为2.0~57.4m，平均厚度为24.6m。不同层段有效储层发育情况不同，盒$_8$段、山$_1$段有效储层较发育，有效储层钻遇率分别为94.0%、86.0%，山$_2$、太$_2$段次之，钻遇率分别为77.1%、72.2%，太$_1$段最差，有效储层钻遇率为27.8%(表7-1)。

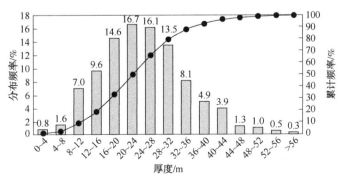

图7-1 双3井区盒$_8$段-太原组有效储层厚度分布频率

表 7-1 双 3 井区有效砂岩发育统计

| 层位 | 有效厚度范围/m | 平均有效厚度/m | 钻遇率/% |
| --- | --- | --- | --- |
| 盒$_8$段 | 1.0~26.5 | 7.8 | 94.0 |
| 山$_1$段 | 1.2~22.4 | 6.8 | 86.0 |
| 山$_2$段 | 1.0~18.6 | 5.6 | 77.1 |
| 太$_1$段 | 1.0~12.1 | 3.9 | 27.8 |
| 太$_2$段 | 1.1~10.0 | 8.1 | 72.2 |
| 合计 | 2.0~57.4 | 24.6 | 100.0 |

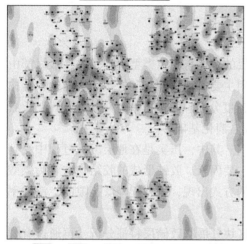

0  2  4  6  8  10km

0~8m  8~16m  16~24m  24~32m  32~40m  40~48m

图 7-2 双 3 区块盒$_8$-太$_2$段有效砂岩厚度

### 2) 有效储层展布

不同层位有效储层分布规律各异,平面呈零星状、片状、带状等 3 种主要分布特征。有效储层呈透镜状分布于厚层基质非有效储层之中;单个有效储层规模相对有限,多层系有效储层在三维空间表现为数期错落叠置的结构特征,平面上表现为普遍含气、连片连续分布的结构特征(图 7-2)。

盒$_8$段主要为河控三角洲平原沉积,有效砂体呈条带状分布,局部连片,整体发育较好(图 7-3)。山西组整体为河控三角洲平原沉积,有效砂体展布呈条带状,以连片状分布为主,局部厚层区呈条带状分布(图 7-4、图 7-5)。山$_1$段有效储层发育程度优于山$_2$段。太原组主要为潮控三角洲沉积,太$_1$段为潮控三角洲前缘沉积,有效砂体呈零星状展布,规模小,整体发育差(图 7-6)。太$_2$段为潮控三角洲平原沉积,有效砂体呈片状展布,规模尺度大(图 7-7)。总体来看,上古主要含气层位有效储层厚度大、钻遇率高,呈连片状分布。

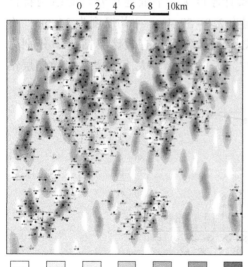

0  2  4  6  8  10km

0~2m  2~4m  4~6m  6~8m  8~10m  10~12m  >12m

图 7-3 双 3 井区盒$_8$段有效砂岩厚度

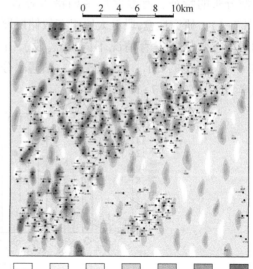

0  2  4  6  8  10km

0~2m  2~4m  4~6m  6~8m  8~10m  10~12m  >12m

图 7-4 双 3 井区山西组山$_1$段有效砂岩分布

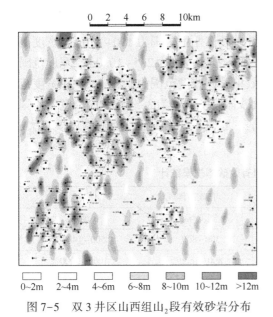

0  2  4  6  8  10km

0~2m  2~4m  4~6m  6~8m  8~10m  10~12m  >12m

图 7-5  双 3 井区山西组山₂段有效砂岩分布

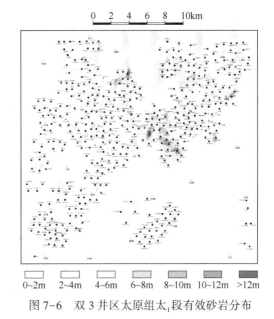

0  2  4  6  8  10km

0~2m  2~4m  4~6m  6~8m  8~10m  10~12m  >12m

图 7-6  双 3 井区太原组太₁段有效砂岩分布

### 3) 有效储层分布模式

双 3 井区井网分布不均,密井网区主要分布于井区中北部。选取中北部 250.0km² 密井网区作为重点解剖区(图 7-8),区内平均井网密度为 1.38 口/km²,局部井网密度可达 2.0 口/km²。以重点解剖区为研究目标,分小层开展有效储层精细解剖,并结合神木气田周边露头出露情况,综合开展有效砂体尺度规模及空间组合类型分析。

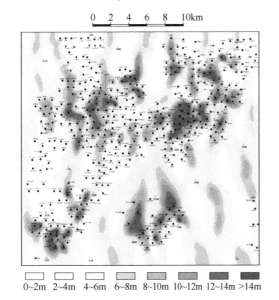

0  2  4  6  8  10km

0~2m  2~4m  4~6m  6~8m  8~10m  10~12m  12~14m  >14m

图 7-7  双 3 井区太原组太₂段有效砂岩分布

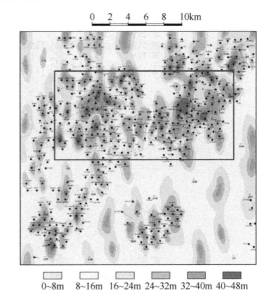

0  2  4  6  8  10km

0~8m  8~16m  16~24m  24~32m  32~40m  40~48m

图 7-8  双 3 井区有效储层精细解剖区位置

结合野外露头、岩心观察、测井曲线、有效砂体对比剖面开展有效砂体规模分析(表 7-2、图 7-9、图 7-10)。评价结果表明:太原组有效单砂体厚度范围为 1.5~6.5m、宽度范围为 400~1000m、长度范围为 500~1400m,叠合有效砂体厚度范围为 2.5~14.0m、宽度范围为 800~1800m、长度范围为 1600~2800m;山₂段有效单砂体厚度范围为 1.5~7.5m、宽度范围为 400~1000m、长度范围为 600~1600m，叠合有效砂体厚度范围为 4.5~15.0m，宽度范围为 800~2000m、长度范围为 1800~3200m；山$_1$段有效单砂体厚度范围为 1.0~5.0m、宽度范围为 200~600m、长度范围为 400~1200m，叠合有效砂体厚度范围为 2.5~10.0m、宽度范围为 500~1200m、长度范围为 1000~2200m；盒$_8$段有效单砂体厚度范围为 1.5~6.5m、宽度范围为 300~800m、长度范围为 500~1400m，叠合有效砂体厚度范围为 3.5~12.0m、宽度范围为 800~1600m、长度范围为 1000~2000m。总体而言，山$_2$段、太原组有效砂体规模较大，盒$_8$段、山$_1$段有效砂体规模相对较小。

表 7-2　双 3 井区盒$_8$段—太原组有效砂体规模统计

| 层位 | 砂体类型 | 有效砂体规模 | | |
|---|---|---|---|---|
| | | 厚度/m | 宽度/m | 长度/m |
| 盒$_8$段 | 单砂体 | 1.5~6.5 | 300~800 | 500~1400 |
| | 叠合砂体 | 3.5~12.0 | 800~1600 | 1000~2000 |
| 山$_1$段 | 单砂体 | 1.0~5.0 | 200~600 | 400~1200 |
| | 叠合砂体 | 2.5~10.0 | 500~1200 | 1000~2200 |
| 山$_2$段 | 单砂体 | 1.5~7.5 | 400~1000 | 600~1600 |
| | 叠合砂体 | 4.5~15.0 | 800~2000 | 1800~3200 |
| 太原组 | 单砂体 | 1.5~6.5 | 400~1000 | 500~1400 |
| | 叠合砂体 | 2.5~14.0 | 800~1800 | 1600~2800 |

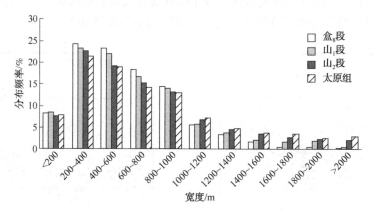

图 7-9　双 3 井区盒$_8$段-太原组有效砂体宽度规模统计

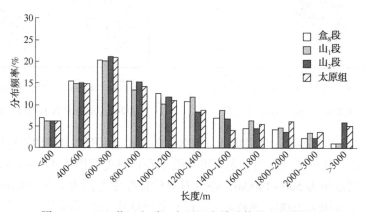

图 7-10　双 3 井区盒$_8$段-太原组有效砂体长度规模统计

在有效砂体规模分析的基础上，结合剖面、平面解剖图，按小层开展有效储层平面空间分布模式分析。将有效储层分布模式划分为孤立型、侧向多期叠置型、垂向多期叠加型等 3 种类型(图 7-11～图 7-13)。

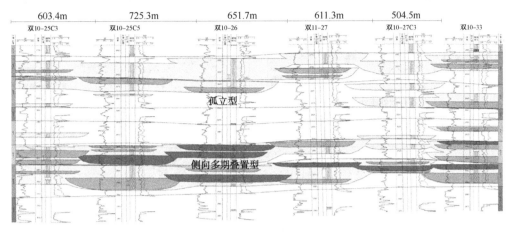

图 7-11　双 3 井区双 10-25C3～双 10-26～双 10-33 井有效砂体对比剖面(山₂段-太原组)

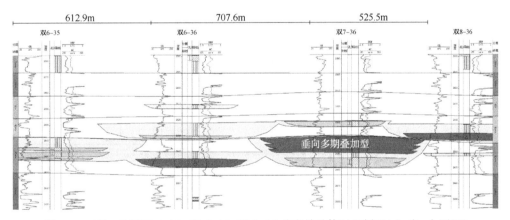

图 7-12　双 3 井区双 6-35～双 6-36～双 8-36 井有效砂体对比剖面(山₂段-太原组)

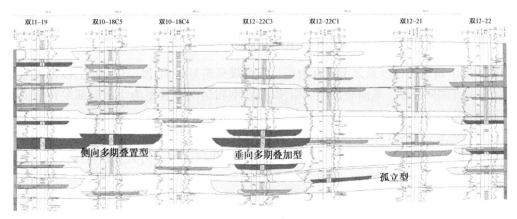

图 7-13　双 3 井区双 11-19～双 12-22C3～双 12-22 井气藏剖面(盒₈段-山₁段)

太原组有效储层侧向叠置、垂向叠加类型较为发育。其中，太₁段以孤立型为主，有效砂体呈零星式分布。太₂¹段侧向叠置、垂向叠加及孤立型都发育，太₂²段以侧向叠置、垂向叠加为主，都较发育(图7-14)。

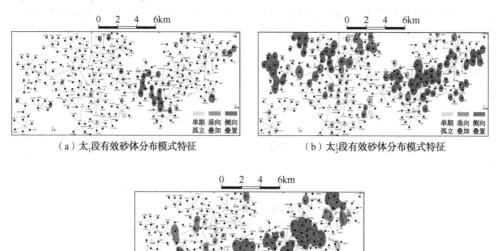

（a）太$_1^1$段有效砂体分布模式特征　　　　（b）太$_1^2$段有效砂体分布模式特征

（c）太$_2^1$段有效砂体分布模式特征

图7-14　双3井区太原组重点解剖区有效储层分布样式

山西组山$_2$段整体有效储层发育模式以孤立型为主。山$_2^1$及山$_2^2$段主要发育孤立型，局部发育少量垂向叠加型和侧向叠置型。山$_2$段总体有效砂体发育情况一般，局部连通性好，发育程度不如太$_2$段(图7-15)。

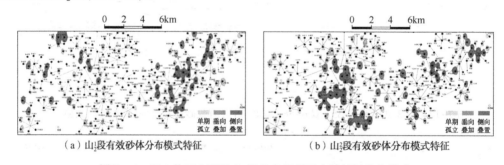

（a）山$_2^1$段有效砂体分布模式特征　　　　（b）山$_2^2$段有效砂体分布模式特征

图7-15　双3井区山西组山$_2$段重点解剖区有效储层分布样式

山西组山$_1$段整体也以孤立型发育为主，发育规模略好于山$_2$段。山$_1^1$及山$_1^2$段以孤立型为主，局部发育侧向叠置、垂向叠加型。山$_1^3$以孤立型和侧向叠置型为主，局部发育垂向叠加型。山$_1^3$有效储层发育规模优于山$_1^1$段和山$_1^2$段(图7-16)。

盒$_8$段有效储层整体以孤立型为主，局部连片，发育侧向叠置、垂向叠加型(图7-17)。

盆地东部府谷、保德、柳林地区有大量上古地层出露，也可为有效砂体规模、叠置模式分析提供有力支撑(图7-18)。

双3井区各小层有效储层分布主要为孤立型、垂向叠加型、侧向叠置型3种类型，在小层有效储层分布样式精细解剖分析的基础上，开展多层系有效储层分布特征分析，将多层系空间分布样式划分为孤立分散型、垂向复合叠加型、侧向复合叠置型等3种主要的组合类型。其中，孤立分散型指有效储层多层系分散分布，空间上不连通，以彼此孤立、不接触为主要特征；垂向复合叠加型指有效储层多期垂向切割连通，多层系复合叠加发育，垂向厚度

· 128 ·

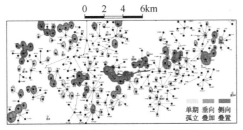

（a）山¹₁段有效砂体分布模式特征

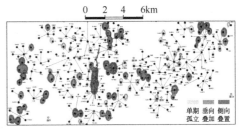

（b）山²₁段有效砂体分布模式特征

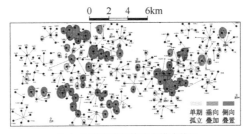

（c）山³₁段有效砂体分布模式特征

图7-16　双3井区山西组山₁段重点解剖区有效储层分布样式

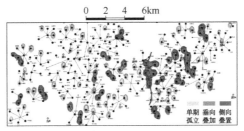

图7-17　双3井区盒$_8^{上}$段重点解剖区有效储层分布样式

（a）陕西府谷，太₂段，孤立型河道

（b）山西柳林，山₂段，垂向多期叠置河道

（c）陕西海则庙，太₂段，侧向切割河道

图7-18　盆地东部野外露头

大，连续性一般；侧向复合叠置型指有效储层在同期相互侧向切割连通，多层系复合叠置发育，成片分布，厚度一般，连续性好(图7-19、图7-20)。

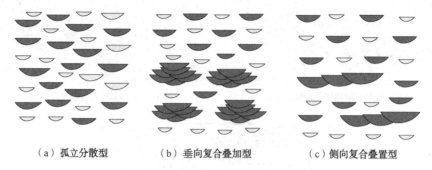

(a) 孤立分散型        (b) 垂向复合叠加型        (c) 侧向复合叠置型

图7-19 多层系有效储层剖面组合样式

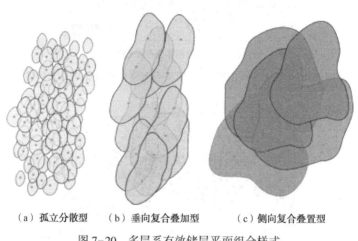

(a) 孤立分散型     (b) 垂向复合叠加型     (c) 侧向复合叠置型

图7-20 多层系有效储层平面组合样式

## 7.1.2 储量分级及可动用评价标准

在双3井区有效储层物性下限标准确定的基础上，开展井区储量评价，明确了不同层系储量规模，建立了储量分级评价和可动用性评价标准。

**1) 物性下限确定**

依据双3井区450余口开发井试气及测井解释数据，分析明确了有效储层物性下限。分析方法主要为交会法。分析结果表明，有效储层孔隙度小于5%、渗透率小于0.1mD、含气饱和度低于45%时，储层不具备产气能力(图7-21)，因此将孔隙度5%、含气饱和度45%界定为储量计算的物性下限。结合区块试气资料，复查区块测井解释标准，确定气层、差气层电性下限：声波时差$\geqslant 200\mu s/m$，深侧向电阻率$\geqslant 40\Omega\cdot m$，密度限值为$\leqslant 2.58g/cm^3$(图7-22)。

**2) 储量评价方法**

在测井解释复查及有效储层物性下限确定的基础上，结合低渗低丰度气藏"一井一藏、控制面积有限"的特点，采用容积法进行单井丰度评估，依据丰度分布区间和概率面积进行储量综合评价。容积法原理如下：

$$G = 0.01A\cdot h\cdot\phi\cdot S_{gi}\frac{P_i\cdot T_{sc}}{P_{sc}\cdot T\cdot Z_i} \tag{7-1}$$

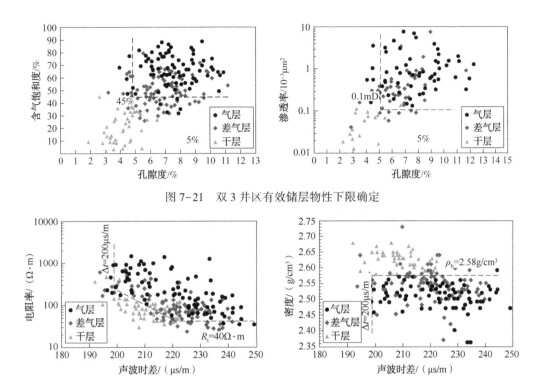

图 7-21 双 3 井区有效储层物性下限确定

图 7-22 双 3 井区电阻率、密度与声波时差交会图

式中，$G$ 为天然气地质储量，$10^8 \mathrm{m}^3$；$A$ 为含气面积，$\mathrm{km}^2$；$h$ 为气层有效厚度，m；$\phi$ 为气层有效孔隙度，%；$S_{gi}$ 为原始含气饱和度，%；$P_{sc}$ 为地面标准压力，MPa；$T_{sc}$ 为地面标准温度，293.15K；$P_i$ 为气藏原始地层压力，MPa；$T$ 为平均气层温度，K；$Z_i$ 为原始气体偏差系数。

储量评价流程：基于容积法确定井点处储量丰度，划定储量丰度梯度区间；结合有效储层钻遇率及研究区面积，确定各储量丰度区间的概率展布面积；计算各丰度梯度内气井平均丰度；平均丰度与概率面积乘积，获得各丰度梯度储量规模；累加求和获得总储量。

**3）储量丰度分布特征**

神木气田双 3 井区盒$_8$段至太原组主要丰度范围为 $(0.8 \sim 2.0) \times 10^8 \mathrm{m}^3/\mathrm{km}^2$，平均为 $1.53 \times 10^8 \mathrm{m}^3/\mathrm{km}^2$（图 7-23），储量丰度相对较高，高丰度区呈南北向条带状展布（图 7-24）。储量丰度与有效厚度表现出较好的正线性关系（图 7-25）。

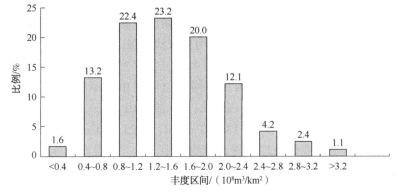

图 7-23 双 3 井区盒$_8$段-太原组储量丰度分布图

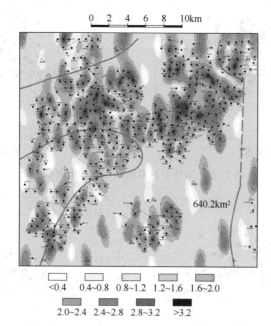

图7-24 双3井区盒$_8$段-太原组储量丰度等值线

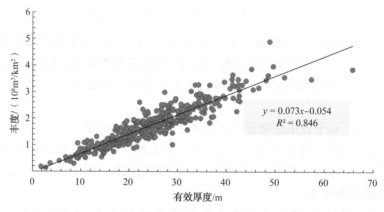

图7-25 双3井区盒$_8$段-太原组储量丰度与有效厚度关系

评价结果表明，太原组储量丰度平均为 $0.64 \times 10^8 \mathrm{m}^3/\mathrm{km}^2$，高丰度区呈片状分布，集中分布于双3井区中北部，连续性较好（图7-26）。山$_2$段储量丰度平均为 $0.45 \times 10^8 \mathrm{m}^3/\mathrm{km}^2$，高丰度区呈带状分布，连续性差（图7-27）。山$_1$段储量丰度平均为 $0.43 \times 10^8 \mathrm{m}^3/\mathrm{km}^2$、盒$_8$段储量丰度平均为 $0.32 \times 10^8 \mathrm{m}^3/\mathrm{km}^2$，高丰度区均呈带状分布（图7-28和图7-29）。

**4）储量可动用性评价**

结合现场产气贡献率测试资料，确定不同层位储层单位厚度产气能力，从而开展不同层位储量品质评价。评价结果表明，盒$_8$段、山$_1$段、山$_2$段、太原组气层平均单位厚度气层产气量分别为 $0.10 \times 10^4 \mathrm{m}^3/\mathrm{d}$、$0.13 \times 10^4 \mathrm{m}^3/\mathrm{d}$、$0.21 \times 10^4 \mathrm{m}^3/\mathrm{d}$、$0.18 \times 10^4 \mathrm{m}^3/\mathrm{d}$。以山$_2$段为基准，进行厚度标准化处理，则太原组、山$_1$段、盒$_8$段产气能力分别相当于山$_2$段的86%、62%、48%。总体而言，山$_2$段储量品质最佳、太原组次之，山$_1$段及盒$_8$段储量品质较差。

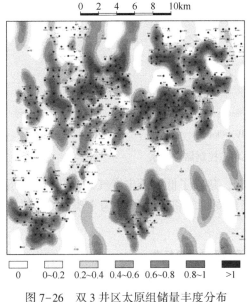

图 7-26　双 3 井区太原组储量丰度分布

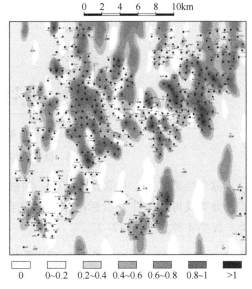

图 7-27　双 3 井区山西组山$_2$段储量丰度分布

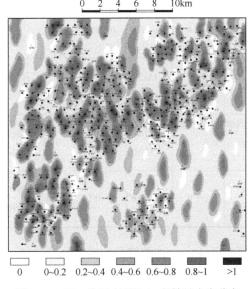

图 7-28　双 3 井区山西组山$_1$段储量丰度分布

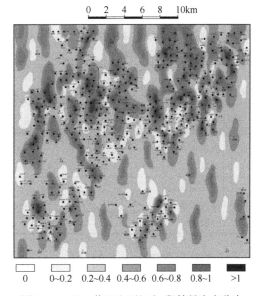

图 7-29　双 3 井区山西组盒$_8$段储量丰度分布

　　分析结果表明, 有效储层产气能力与储层平均孔隙度、渗透率、含气饱和度、有效厚度和泥质含量等单因素相关性较差。为明确储量品质有效评价参数, 开展气井动态控制储量与储量丰度相关性分析, 分析结果表明, 二者相关性相对较差。基于不同层位储层产气能力间量化关系, 对储量丰度进行修正, 并建立了储量丰度修正模型:

$$F_{修正} = aF_{h7及以上} + bF_{h8} + cF_{s1} + dF_{s2} + eF \tag{7-2}$$

　　修正系数: $a = 0.14 \sim 0.19$, $b = 0.48$, $c = 0.62$, $d = 1.00$, $e = 0.86$。

　　结果表明, 修正储量丰度同气井动态控制储量具有较好相关性, 可以将其作为储量品质及可动性分析关键参数(图 7-30)。

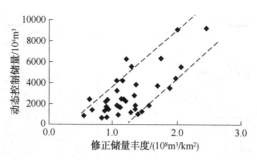

图 7-30　修正储量丰度与气井动态控制储量关系

综合经济效益、有效砂体结构、储量丰度等指标，建立了低渗低丰度气藏未开发区储量综合分类及可动用性评价标准，为气藏合理开发提供支撑。将储量划分为Ⅰ类、Ⅱ类、Ⅲ类、Ⅳ类4种类型(表7-3)。

表7-3　低渗低丰度气田储量可动用性评价标准

| 储量类型 | 地质参数 | | | | 开发动态参数 | | | 经济参数 | 可动用性 |
|---|---|---|---|---|---|---|---|---|---|
| | 沉积相 | 叠置模式 | | 有效厚度/m | 平均丰度/($10^8 m^3/km^2$) | 首年日产/$10^4 m^3$ | EUR/$10^8 m^3$ | 平均EUR/$10^8 m^3$ | 收益率/% | |
| Ⅰ类 | 三角洲分流河道侧向叠置 | 厚层切割叠置，有一定连通性 | | >14 | >1.2 | >1.4 | >0.1700 | 0.2000 | >12 | 优先动用 |
| Ⅱ类 | 三角洲分流河道垂向叠置 | 中-厚层叠置型，连通性差 | | 10~14 | 1.0~1.2 | 1.0~1.4 | 0.1542~0.1700 | 0.1621 | 8~12 | 优先动用 |
| Ⅲ类 | 三角洲分流河道多期分散 | 多期分散型，不连通 | | 6~10 | 0.8~1.0 | 0.8~1.0 | 0.1216~0.1542 | 0.1379 | 0~8 | 接续动用 |
| Ⅳ类 | 三角洲分流河道孤立分散 | 薄层孤立型，不连通 | | <6 | <0.8 | <0.8 | <0.1216 | 0.851 | <0 | 潜力动用 |

Ⅰ类储量丰度大于$1.2×10^8 m^3/km^2$，总有效厚度大于14m。这类储量由多层系有效储层垂向叠置形成，主力层相对突出，连通性相对较好。内部收益率大于12%，此类储量是当前开发动用的主要类型。

Ⅱ类储量丰度介于$(1.0~1.2)×10^8 m^3/km^2$，总有效厚度在10~14m。这类储量由多层系有效储层侧向叠置形成，主力层也相对突出，连通性相对较好。内部收益率介于8%~12%，此类储量也是当前开发动用的主要类型。

Ⅲ类储量丰度介于$(0.8~1.0)×10^8 m^3/km^2$，总有效厚度在6~10m。这类储量缺乏主力层系，有效储层多层分散孤立，累计厚度较大，连通性较差。内部收益率介于0~8%，此类储量是接续动用的类型。

Ⅳ类储量丰度小于$0.8×10^8 m^3/km^2$，总有效厚度小于6m。这类储量缺乏主力层系，有效储层分散孤立，厚度较小，连通性较差。内部收益率小于0，此类储量是潜力未来动用类型。

# 7.2 气井动储量评价与分层劈分

## 7.2.1 气井分类评价与生产特征分析

### 1）气井分类评价

随着气田开发的深入，动态资料逐渐丰富。在紧密结合地质特征、动态特征的基础上，依据日产气量、压降速率、单位套压降产气量、无阻流量及有效厚度等指标，建立了神木气田动静态结合气井综合分类评价标准（表7-4）。

表7-4　神木气田动静态结合气井综合分类评价标准

| 类别 | 动态指标 | | | | 静态指标 |
|---|---|---|---|---|---|
| | 日产气量/($10^4 m^3$) | 压降速率/(MPa/d) | 单位套压降产气量/($10^4 m^3$/MPa) | 无阻流量/($10^4 m^3$/d) | 有效厚度/m |
| Ⅰ | >1.5 | <0.015 | >300 | >10 | 单层厚度大于8，或累计总厚度大于20 |
| Ⅱ | 0.5~1.5 | 0.015~0.020 | 100~300 | 5~10 | 单层厚度为5~8，或累计总厚度大于8 |
| Ⅲ | <0.5 | >0.020 | <100 | <5 | 单层厚度小于5，或累计总厚度小于8 |

结合上述标准，开展双3区块气井综合分类评价（表7-5）。评价结果表明，Ⅰ类井和Ⅱ类井共305口，占70%，产气贡献率85%，是气田产量的主要贡献者。气井压力递减迅速，套压小于10MPa的占72%，产水基本稳定（图7-31）。

表7-5　神木气田气井分类评价结果

| 类型 | Ⅰ类 | Ⅱ类 | Ⅲ类 | 合计/平均 |
|---|---|---|---|---|
| 井数/口 | 97 | 208 | 128 | 433/ |
| 井均产量/($10^4 m^3$/d) | 1.91 | 0.86 | 0.31 | /0.95 |
| 投中前套压/MPa | 19 | 18.8 | 17.8 | /18.6 |
| 目前套压/MPa | 8.69 | 8.7 | 7.02 | /8.14 |
| 目前压降速率/(MPa/d) | 0.014 | 0.016 | 0.023 | /0.018 |
| 井均产气量/$10^4 m^3$ | 1486 | 549 | 332 | /661 |

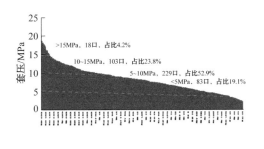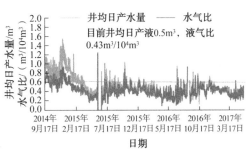

图7-31　神木气田单井套压分布、历年产水曲线

### 2）气井生产特征

（1）Ⅰ类井。

区块Ⅰ类井97口，井均日产气$1.91 \times 10^4 m^3$；投产前套压19.0MPa，目前套压

8.69MPa，目前压降速率0.014MPa/d，生产情况比较稳定，目前井均产气量1486×10⁴m³。Ⅰ类气井投产初期，产量相对稳定，后期逐渐降低。

Ⅰ类井中的典型井如双5-17C3井，该井于2014年9月16日投产，投产初期配产6.8×10⁴m³/d，目前日产气2.2×10⁴m³，投产前套压19.2MPa，目前套压5.6MPa，单井产量高，稳产能力较强（图7-32）。

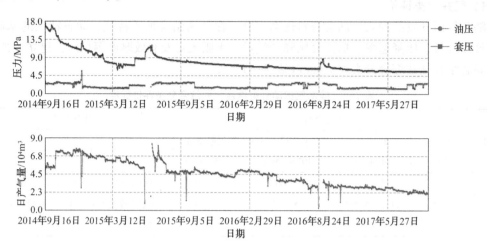

图7-32　Ⅰ类井套压、产量变化曲线（双5-17C3井）

（2）Ⅱ类井

区块Ⅱ类井208口，井均日产气0.86×10⁴m³；投产前套压18.8MPa，目前套压8.7MPa，目前压降速率0.016MPa/d，产量相对稳定。Ⅱ类气井从投产初期到目前，产量逐步下降。

Ⅱ类井中的典型井如双10-7C1井，该井于2014年9月16日投产，投产初期配产1.2×10⁴m³/d，目前日产气0.5×10⁴m³，投产前套压19.2MPa，目前套压7.7MPa，单井产量高，稳产能力较强（图7-33）。

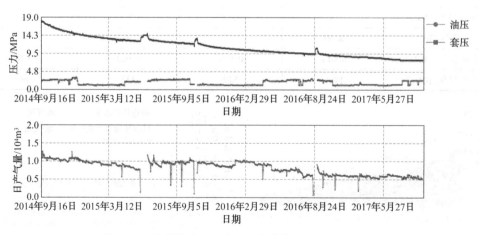

图7-33　Ⅱ类井套压、产量变化曲线（双10-7C1井）

（3）Ⅲ类井

区块Ⅲ类井128口，井均日产气0.31×10⁴m³；投产前套压17.8MPa，目前套压7.02MPa，目前压降速率0.023MPa/d，产量逐步下降。Ⅲ类气井投产初期产量降幅明显，后期产量降幅较小。

Ⅲ类井中的典型井如双 7-11 井，该井于 2014 年 11 月 30 日投产，投产初期配产 0.5×$10^4 m^3/d$，目前日产气 0.2×$10^4 m^3$，投产前套压 16.6MPa，目前套压 4.4MPa，单井产量低，稳产能力较差(图 7-34)。

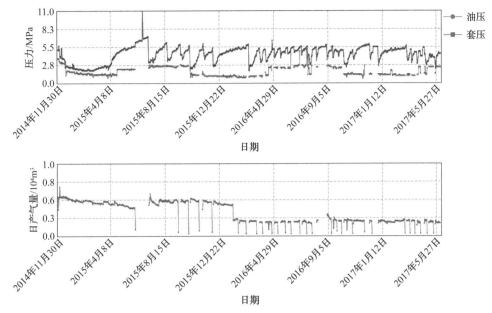

图 7-34　Ⅲ类井套压、产量变化曲线(双 7-11 井)

### 3) 水平井产量分析

截至目前，投产水平井 16 口(不含双平 1、双平 2)，累计产气量为 3.9×$10^8 m^3$。太原组水平井生产效果好于山$_2$段。其中，太原组水平井 11 口，平均生产天数 860 天，累计产气为 2743×$10^4 m^3$，单井日产气量为 3.8×$10^4 m^3$；山$_2$段水平井 5 口，平均生产天数 756 天，累计产气量为 2425×$10^4 m^3$，单井日产气量为 3.6×$10^4 m^3$(图 7-35)。

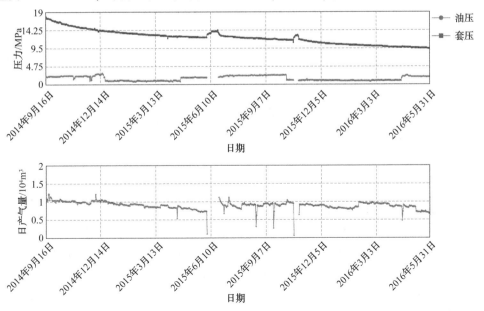

图 7-35　神木气田水平井生产开采曲线图(9-11H2 井)

## 7.2.2 气井动态控制储量及分层劈分

在常规递减分析的基础上，引入拟等效时间将变压力/变产量生产数据等效为定流量生产数据，利用典型曲线图版拟合，确定气井泄流范围等属性参数。各类气井压力历史拟合及压力时间半对数拟合曲线如图7-36～图7-38所示。

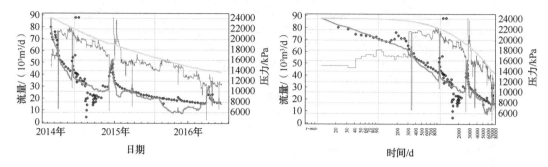

图7-36　Ⅰ类井压力历史、压力时间半对数拟合图(双5-17C3井)

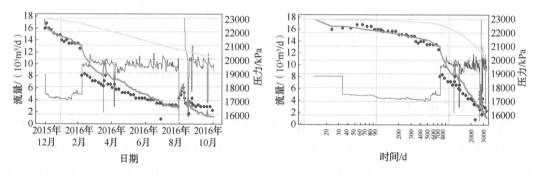

图7-37　Ⅱ类井压力历史、压力时间半对数拟合图(双5-31C1井)

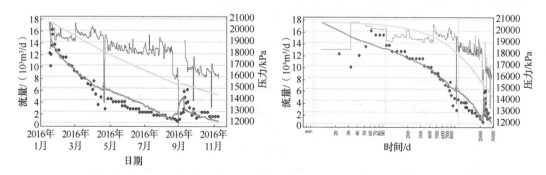

图7-38　Ⅲ类井压力历史、压力时间半对数拟合图(双6-38井)

### 1) 气井动态控制储量及 EUR 评价

在前述分析的基础上，开展气井动态控制储量、泄气范围及 EUR 评价。评价结果表明，神木气田气井动态储量规模分布于$(207.7 \sim 9213.3) \times 10^4 m^3$，平均为$2260.9 \times 10^4 m^3$，泄气面积范围为$0.02 \sim 1.36 km^2$，平均为$0.18 km^2$，EUR 分布于$(176.5 \sim 7831.3) \times 10^4 m^3$，平均为$1921.8 \times 10^4 m^3$(图7-39、表7-6)。动态控制储量与泄气范围表现出较好的幂函数关系(图7-40)。

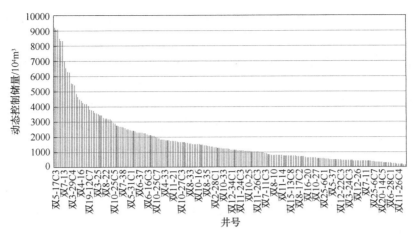

图 7-39 神木气田气井动态控制储量统计

表 7-6 神木气田气井动态控制储量评价数据

| 分类 | 井数/口 | 动态控制储量/$10^4 m^3$ | | 泄气面积/$km^2$ | | EUR/$10^4 m^3$ | |
|---|---|---|---|---|---|---|---|
| | | 范围 | 平均 | 范围 | 平均 | 范围 | 平均 |
| Ⅰ类井 | 51 | 2307.2~9213.3 | 4427.7 | 0.13~1.36 | 0.29 | 1961.1~7831.3 | 3763.5 |
| Ⅱ类井 | 97 | 1605.1~2568.1 | 2086.6 | 0.05~0.40 | 0.20 | 1364.3~2182.9 | 1773.6 |
| Ⅲ类井 | 62 | 207.7~1682.9 | 751.4 | 0.02~0.28 | 0.07 | 176.5~1430.5 | 638.7 |
| 合计/加权平均 | 210 | 2260.9 | | 0.18 | | 1921.8 | |

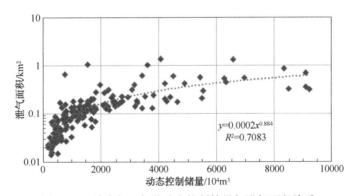

图 7-40 神木气田气井动态控制储量与泄气面积关系

**2) 气井动态控制储量分层劈分**

在前述神木气田多层系动态控制合层分析的基础上,为明确各层动态储量分布,开展气井动态控制储量的分层评价(图 7-41)。

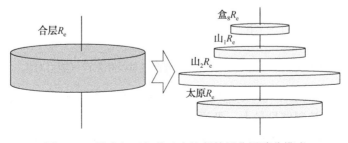

图 7-41 神木气田气井动态控制储层分层劈分模式

评价方法流程如下：首先开展气井动态控制储量分析，明确多层系合层评价下气井动态储量与泄气范围；其次基于现场生产测试资料，明确不同产层产气能力(单位厚度日产气能力)，并建立多层系气层产气能力之间定量关系(以山₂段为基准，进行厚度标准化处理)；再次根据气井各气层发育情况，进行厚度标准化处理，按照各层位标准化厚度占总标准厚度的比例，劈分动态控制储量；最后基于各层劈分的动态控制储量，采用静态容积法测算各层泄气面积。

结合现场产气贡献率测试资料，开展不同层位储层产气能力的评价，明确不同层位单位厚度气层的产气能力(图7-42)。评价结果表明，盒₈段、山₁段、山₂段、太原组气层平均单位厚度气层产气量分别为 $0.10×10^4m^3/d$、$0.13×10^4m^3/d$、$0.21×10^4m^3/d$、$0.18×10^4m^3/d$。以山₂段为基准，进行厚度标准化处理，则太原组、山₁段、盒₈段产气能力分别相当于山₂段的 86%、62%、48%(图7-43)。将厚度进行标准化处理后，按照各层位标准化厚度的占比，劈分动态控制储量。

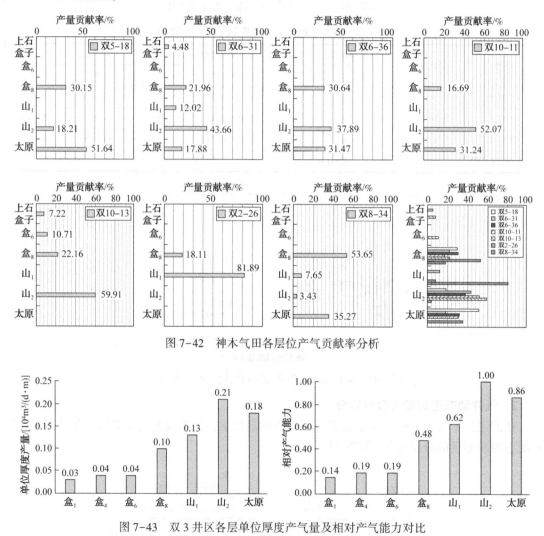

图7-42　神木气田各层位产气贡献率分析

图7-43　双3井区各层单位厚度产气量及相对产气能力对比

评价结果表明，不同层段气井动态控制储量、泄气面积不同(图7-44、图7-45、表7-7)。其中，山₂段气层动态控制储量最大，平均为 $767.9×10^4m^3$，泄气面积平均为 $0.21km^2$；太原组次之，动态控制储量平均为 $518.3×10^4m^3$，泄气面积平均为 $0.18km^2$；山₁段、盒₈段动态控制储量较小，山$_1$段动态控制储量平均为 409.2×10$^4$m$^3$，泄气面积平均为 0.13km$^2$；盒$_8$段动态控制储量平均为 427.9×10$^4$m$^3$，泄气面积平均为 0.12km$^2$。

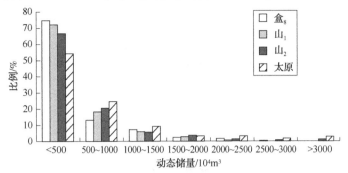

图 7-44　双 3 井区各层动态控制储量统计

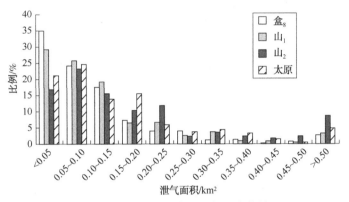

图 7-45　双 3 井区各层泄气面积统计

表 7-7　神木气田各层气井动态控制储量及泄气面积评价数据

| 层位 | 动态控制储量/10$^4$m$^3$ | | 泄气面积/km$^2$ | |
| --- | --- | --- | --- | --- |
| | 分布范围 | 平均 | 分布范围 | 平均 |
| 盒$_8$段 | 28.2~2697.0 | 427.9 | 0.01~0.65 | 0.12 |
| 山$_1$段 | 29.5~2563.1 | 409.2 | 0.01~0.76 | 0.13 |
| 山$_2$段 | 42.3~5181.2 | 767.9 | 0.02~1.56 | 0.21 |
| 太原组 | 36.4~4753.8 | 518.3 | 0.02~0.968 | 0.18 |

　　泄气面积评价结果表明，受泄气范围影响，山$_1$段、盒$_8$段储量井控程度低，山$_2$段气层动态控制储量最大，太原组次之(图 7-46 至图 7-49)。

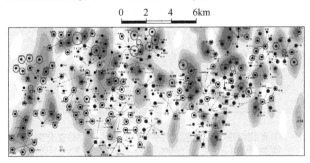

图 7-46　双 3 井区盒$_8$段有效砂厚与气井泄气面积叠合图

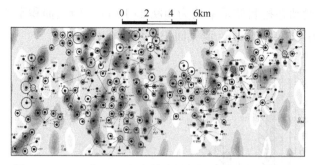

图 7-47 双 3 井区山$_1$段有效砂厚与气井泄气面积叠合图

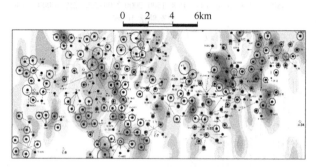

图 7-48 双 3 井区山$_2$段有效砂厚与气井泄气面积叠合图（一）

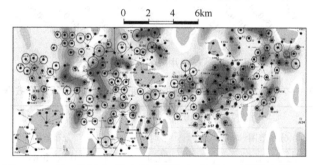

图 7-49 双 3 井区山$_2$段有效砂厚与气井泄气面积叠合图（二）

基于气层分布及储量类型，针对设计 3 种 5 类相对应的大丛式混合井组布井方式，指导气田开发部署（图 7-50）。综合砂体规模类比法、控制储量反算法、泄气半径分析法、井间干扰概率法、数值模拟法等多种分析方法，确定了气田（600~800）m×（800~2500）m 的主体开发井网。

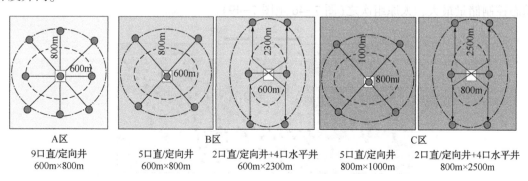

图 7-50 神木气田大丛式混合井组布井模式图

## 7.2.3 井型适用性评价

神木气田双 3 区块开发方案中,直/定向井、水平井是主体开发井型,水平井与直井规划产能比例为 30∶70。开发至目前,水平井与直井的实际产能比例为 6∶94,水平井实际产能规模未达到规划设计。结合双 3 井区开发现况,开展井型适用性评价,从而明确合理井型。

双 3 井区目前投产水平井 16 口。其中:太原组部署水平井 11 口,单井日均累计产气量为 2743.4×$10^4$m³,单井日产气量平均为 3.8×$10^4$m³;山$_2$段部署水平井 5 口,单井日均累计产气量为 1725.7×$10^4$m³,单井日产气量平均为 3.2×$10^4$m³(表 7-8)。

表 7-8 神木气田投产水平井数据

| 井号 | 目的层 | 水平段长度/m | 有效储层钻遇率/% | 试气无阻流量/(10⁴m³/d) | 投产日期 | 生产时间/d | 日产气量/10⁴m³ 初期 | 平均 | 目前 | 累计产气量/10⁴m³ |
|---|---|---|---|---|---|---|---|---|---|---|
| 双 7-35H2 井 | 太原组 | 502 | 54.8 | 7.1 | 2014/9/15 | 938 | 2.0 | 1.4 | 1.2 | 1293.8 |
| 双 6-16H1 井 | 太原组 | 782 | 80.6 | 31.3 | 2014/9/15 | 1000 | 6.6 | 4.9 | 3.6 | 4901.8 |
| 双 8-34H2 井 | 太原组 | 1062 | 83.1 | 21.9 | 2014/12/3 | 772 | 5.8 | 2.5 | 1.2 | 1906.8 |
| 双 7-14H1 井 | 太原组 | 1530 | 89.2 | 41.7 | 2014/9/15 | 993 | 9.0 | 6.1 | 3.4 | 6085.8 |
| 双 8-34H1 井 | 太原组 | 577 | 81.6 | 21.0 | 2014/12/3 | 873 | 3.8 | 2.0 | 0.6 | 1744.3 |
| 双 7-14H3 井 | 太原组 | 1161 | 87.1 | 23.0 | 2014/9/15 | 993 | 5.0 | 4.2 | 2.9 | 4094.1 |
| 双 8-34H3 井 | 太原组 | 1100 | 91.4 | 37.6 | 2014/12/3 | 815 | 4.5 | 3.9 | 1.4 | 3128.6 |
| 双 13-27H1 井 | 太原组 | 1155 | 89.4 | 5.3 | 2014/9/17 | 736 | 4.0 | 2.5 | 0.8 | 1816.5 |
| 双 9-11H2 井 | 太原组 | 1914 | 94.1 | 37.4 | 2014/9/17 | 969 | 6.8 | 4.2 | 1.9 | 3990.6 |
| 双 13-15H1 井 | 太原组 | 1000 | 69.5 | 63.5 | 2017/6/24 | 13 | 8.0 | 7.6 | 7.5 | 98.7 |
| 双 11-24H1 井 | 太原组 | 1000 | 91.9 | 33.9 | 2016/4/24 | 428 | 2.9 | 2.6 | 1.6 | 1116.3 |
| 太原组平均 | | 1071.2 | 83.0 | 29.4 | | 775.5 | 5.3 | 3.8 | 2.4 | 2743.4 |
| 双 9-13H2 井 | 山$_2$段 | 1231 | 75.1 | 52.3 | 2014/9/15 | 958 | 6.0 | 4.6 | 1.0 | 4389.8 |
| 双 10-25H1 井 | 山$_2$段 | 982 | 86.6 | 31.4 | 2014/12/13 | 736 | 5.5 | 2.1 | 1.0 | 1513.0 |
| 双 15-13H1 井 | 山$_2$段 | 1506 | 92.8 | 18.1 | 2015/9/13 | 644 | 2.0 | 4.1 | 4.5 | 2649.4 |
| 双 13-15H4 井 | 山$_2$段 | 774 | 68.7 | 27.0 | 2017/6/26 | 11 | 3.2 | 3.2 | 3.2 | 39.1 |
| 双 15-14H1 井 | 山$_2$段 | 808 | 75.7 | | 2017/6/20 | 17 | 2.1 | 2.1 | 2.1 | 37.0 |
| 山$_2$段平均 | | 1060.2 | 79.8 | 32.2 | | 473.2 | 3.8 | 3.2 | 2.4 | 1725.7 |
| 平均 | | 1067.8 | 82.0 | 30.2 | | 681.0 | 4.8 | 3.6 | 2.4 | 2425.4 |

神木气田纵向多层系发育(含气层数 8~20 层),储量在盒$_8$段至太原组都有分布。结合 383 口井的资料开展各层储量集中度评价分析。盒$_8$段储量集中度平均为 29.4%,其中储量集中度大于 60% 的占 7.57%;山$_1$段储量集中度平均为 24.9%,其中储量集中度大于 60% 的占 4.96%;山$_2$段储量集中度平均为 27.2%,其中储量集中度大于 60% 的占 7.83%;太原组储量集中度平均为 18.5%,其中储量集中度大于 60% 的占 1.83%(图 7-51~图 7-54)。

上述分析表明,神木气田储量在各主力层段近乎均匀分布,储量集中度较低,储量呈多层系分散分布的特征。集中度大于60%的井仅占总井数的5.5%。在这种地质特征下，采用水平井开发会导致剖面上大量储量遗留，储量动用程度较低。以双3井区双10-25H1井为例，其主要针对山$_2^2$段进行开发动用，距离水平段垂直距离仅250m的10-25C1井揭示，水平段上、下存在大量未动用储量，占总井控储量的48.8%（图7-55）。

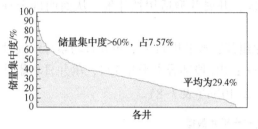

图7-51 双3井区盒$_8$段气井储量集中度分析

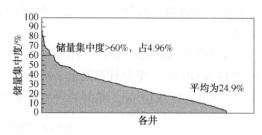

图7-52 双3井区山$_1$段气井储量集中度分析

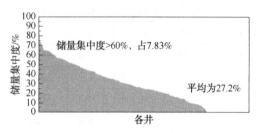

图7-53 双3井区山$_2$段气井储量集中度分析

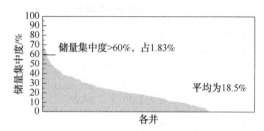

图7-54 双3井区太原组气井储量集中度分析

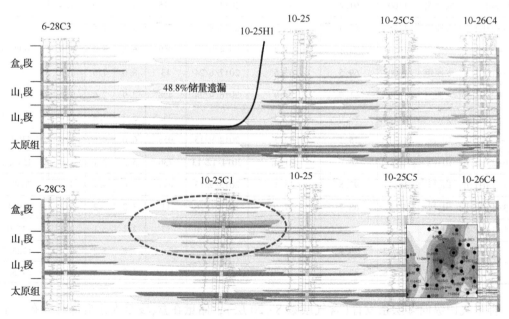

图7-55 双3井区双10-25H1水平井开发气藏剖面

　　基于上述分析可知，神木气田不宜采用整体式水平开发方式，可在少量井区采用局部式水平井部署方式。结合储层结构特征和储量分布情况，确定了孤立式、复合式、丛组式等3种局部式水平井部署类型，可与直/定向井形成丛式混合井组（图7-56）。因此，直/定向井应为神木气田主体开发井型。

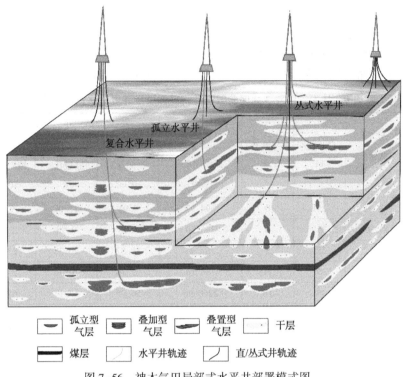

图 7-56　神木气田局部式水平井部署模式图

## 7.2.4　储量动用程度与剩余储量类型

　　神木气田双 3 井区开发井网分布不均，北部地区直/丛式混合井网相对密集，选取北部地区作为直/定向井使用性评价解剖目标区(图 7-57)。解剖目标区面积为 186.8km²，多套层系采用相同的直/定向丛式井组开发，井网不规则且分布不均，井网密度具有一定差异，平均井网密度为 1.38 口/km²，局部地区井网密度可达到 2 口/km²(图 7-58)。

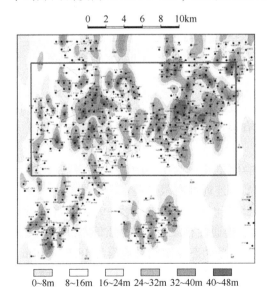

图 7-57　双 3 井区储量动用程度解剖区位置

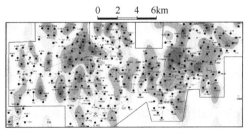

图 7-58　双 3 井区北部密井网区井网分布

结合气井动态控制储量及泄气范围评价结果，按照多层系合层、分层开展储量动用程度评价，从而明确当前直/丛式开发井网的适用性。采用动静储量比参数评价储量动用程度，动静储量比是指开发区内所有气井动态控制储量之和与区块地质储量的比值。解剖目标区面积为186.8km²，储量规模为330.45×10⁸m³，区内直/定向井251口，水平井16口（表7-9）。

表7-9 神木气田双3井区北部密井网区多层系开发储量动用程度评价

| 层位 | 储量规模/$10^8m^3$ | 直井数/口 | 水平井数/口 | 单井平均动态控制储量/$10^4m^3$ | 直/定向丛式井 | | 直/定向丛式井+水平井 | |
|---|---|---|---|---|---|---|---|---|
| | | | | | 总动态控制储量/$10^8m^3$ | 动静储量比/% | 总动态控制储量/$10^8m^3$ | 动静储量比/% |
| 盒₈段 | 89.55 | 251 | 0 | 394.97 | 9.91 | 11.07 | 9.91 | 11.07 |
| 山₁段 | 81.95 | 251 | 0 | 325.80 | 8.18 | 9.98 | 8.18 | 9.98 |
| 山₂段 | 62.12 | 251 | 5 | 751.99 | 18.87 | 30.38 | 22.27 | 35.84 |
| 太原组 | 97.15 | 251 | 11 | 788.14 | 19.78 | 20.36 | 27.24 | 28.04 |
| 合层 | 330.45 | 251 | 16 | 2260.90 | 56.75 | 17.17 | 67.60 | 20.46 |

多层系评价结果表明：在直/定向丛式井组（不考虑水平井）的条件下，多层系合层开采总动态控制储量规模为56.75×10⁸m³，动静储量比为17.17%；在直/定向丛式井组+水平井混合井网开发条件下，多层系合层开采总动态控制储量规模为67.60×10⁸m³，动静储量比为20.46%（表7-9、图7-59）。由图7-60可知气井泄气范围普遍较小，平面上气井泄气范围难以有效覆盖富集区，存在大量井间未动用储量。

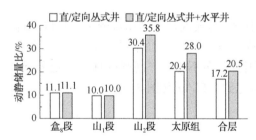

图7-59 双3井区北部密井网区
动静储量比统计

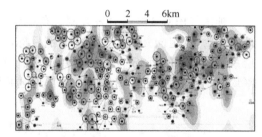

图7-60 双3井区北部密井网区
多层系气井泄气范围

总体而言，在当前开发井型井网、多层系合层开发条件下，解剖区动静储量比较低，储量动用程度有限，存在大量未动用储量，开发效果有很大提升空间。

分层评价结果表明：

盒₈段总动态控制储量规模为9.91×10⁸m³，动静储量比仅为11.07%（表7-9），动静储量比低，存在大量井间未动用储量，且差气层比例高、连通性有限，储量品质较差。

山₁段总动态控制储量规模为8.18×10⁸m³，动静储量比仅为9.98%（表7-9），动静储量比低，存在大量井间未动用储量，且差气层比例也较高、连通性有限，储量品质偏差（图7-61）。

山₂段在直/定向丛式井组（不考虑水平井）的条件下，总动态控制储量规模为18.87×10⁸m³，动静储量比为30.38%，在直/定向丛式井+水平井混合井网开发条件下，总动态控制储量规模为22.27×10⁸m³，动静储量比为35.84%（表7-9）。山₂段有效储层规模及连通性较好、气井泄气范围较大，储量动用程度较高（图7-62）。

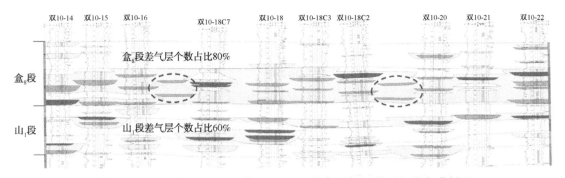

图 7-61 双 3 井区双 10-14 井~双 10-22 井东西向盒₈段至山₁段气藏剖面

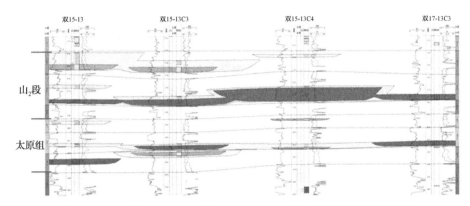

图 7-62 双 3 井区双 15-13 井~双 17-13C3 井山₂段至太原组气藏剖面

太原组在直/定向丛式井组(不考虑水平井)的条件下,总动态控制储量规模为 $19.78 \times 10^8 \text{m}^3$,动静储量比为 20.36%,在直/定向丛式井+水平井混合井网开发条件下,总动态控制储量规模为 $27.24 \times 10^8 \text{m}^3$,动静储量比为 28.04%(表 7-9)。太原组有效储层规模及连通性也较好、气井泄气范围较大,储量动用程度较高(图 7-63)。

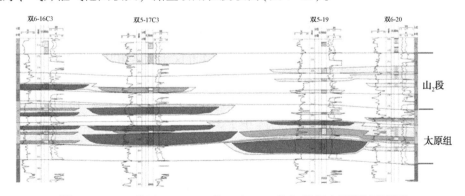

图 7-63 双 3 井区双 6-16C3 井~双 6-20 井山₂段至太原组气藏剖面

相比而言,在当前井型井网条件下,山₂段开发效果较好,太原组次之,盒₈段及山₁段较差。但各层系储量动用程度都存在提升空间。

整体评价结果表明,在当前井网作用下,储量动用程度偏低,各层储量动用程度都具有较大的提升空间。明确了三种剩余储量类型:未压裂改造、水平井遗留及井间未动用。未压裂改造型剩余储量主要分布于已开发的直/定向井垂向剖面。水平井遗留型主要分布于水平井垂向剖面。井间未动用型主要位于当前主要采用的井网600m×800m及800m×800m井组之间（图7-64）。

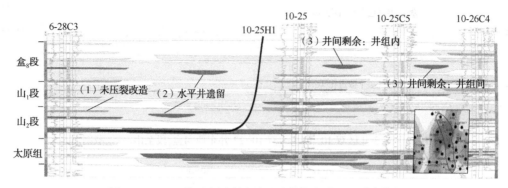

图7-64　双3井区未压裂改造型及井间未动用型剩余储量

井间剩余型剩余储量可进一步分为井组内剩余型和井组间剩余型，井组内剩余型的剩余储量主要分布于大丛式井组内，井组间剩余型的剩余储量主要分布于大丛式井组间（图7-65）。

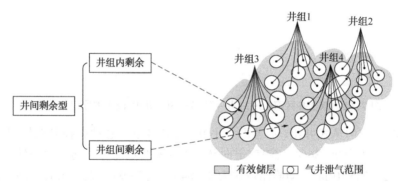

图7-65　双3井区井间剩余型储量模式图

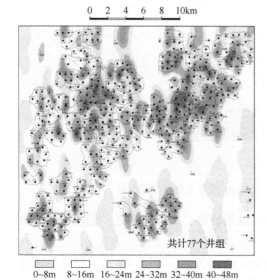

图7-66　双3井区大井组分布

## 7.2.5　大井组开发效果评价

双3井区主体采用丛式大井组开发，研究分析表明，双3井区共计77个大井组（图7-66），井组内开发井井数分布于2~16口/井组，主要集中于3~8口/井组（图7-67、图7-68）。

大井组开发效果评价是以井组为单元进行开发效果分析，通过外推半个井距确定丛式井组面积边界，结合有效砂体空间组合类型（图7-69），采用动静储量比分析开发效果。

评价结果表明，不同类型砂体叠置模式井组储量动用程度不同：侧向叠置型较低的井网密度可起到最好开发效果，动静储量比在50%以上；垂向叠加型次之，约42%；孤立分散型最差，约30%（表7-10）。

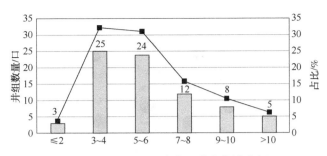

图 7-67 双 3 井区大井组井数统计分析

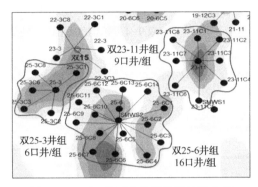

图 7-68 双 3 井区大井组井数统计分析

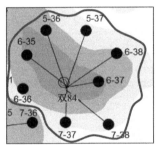

双84井组孤立分散型

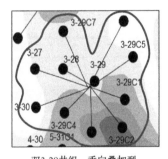

双3-29井组，垂向叠加型

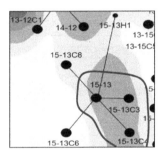

双15-13井组局部，侧向叠置型

图 7-69 不同有效砂体空间组合类型丛式井组

表 7-10 神木气田双 3 井区典型井组开发效果数据

| 储量类型 | 丛式井组 | 面积/km² | 丛式井数/口 | 井网密度/（口/km²） | 井组丰度/（10⁸m³/km²） | 井组储量/（10⁸m³） | 井均动储量/10⁴m³ | 井均泄气面积/km² | 动静储量比/% |
|---|---|---|---|---|---|---|---|---|---|
| 孤立分散 | 双84 | 4.8 | 9 | 1.9 | 1.41 | 6.77 | 2217.6 | 0.22 | 29.46 |
| 垂向叠加 | 双3-29 | 5.44 | 11 | 2.0 | 1.82 | 9.90 | 3773.4 | 0.33 | 41.92 |
| 侧向叠置 | 双15-13 | 1.45 | 3 | 2.1 | 1.75 | 2.54 | 4625.0 | 0.48 | 54.68 |

（1）孤立分散型——以双 9-4 井组为例。

储量动用程度低、动静储量比约 30%，气井泄气面积为 0.22km²，井间存在大量未控制住有效砂体，具备大幅提高采收率的潜力（图 7-70、图 7-71 及表 7-11、表 7-12）。

（2）垂向叠加型——以双 3-29 井组为例。

储量动用程度中等、动静储量比约 42%，气井泄气面积为 0.33km²，井间也存在未控制住有效砂体，具备一定提高采收率的潜力（图 7-72 和图 7-73 及表 7-13 和表 7-14）。

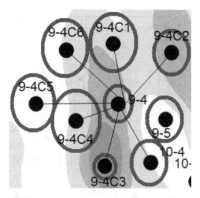

图 7-70　双 9-4 井组泄气范围

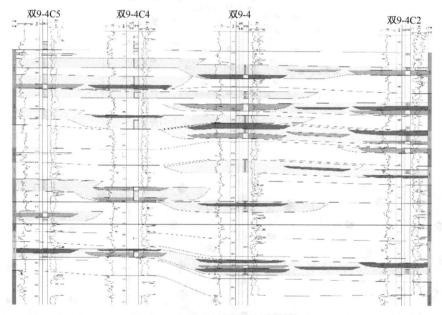

图 7-71　双 9-4 井组有效储层剖面

表 7-11　双 9-4 井组气井动态数据

| 井号 | 有效厚度/m | 动储量/$10^4m^3$ | 泄气面积/$km^2$ | 投产时间 |
|---|---|---|---|---|
| 双 9-4 | 21.6 | 1840.2 | 0.12 | 2015 年 10 月 |
| 双 9-4C1 | 8.9 | 2277.38 | 0.32 | 2015 年 10 月 |
| 双 9-4C2 | 18.9 | 2872.4 | 0.18 | 2015 年 10 月 |
| 双 9-4C3 | 31.7 | 1747.5 | 0.06 | 2015 年 10 月 |
| 双 9-4C4 | 11.2 | 1895.4 | 0.33 | 2015 年 10 月 |
| 双 9-4C5 | 12.9 | 1667.1 | 0.26 | 2015 年 10 月 |
| 双 9-4C6 | 16.8 | 3223.3 | 0.29 | 2015 年 10 月 |

表 7-12　双 9-4 孤立分散型井组开发效果数据

| 丛式井组 | 面积/$km^2$ | 丛式井数/口 | 井网密度/(口/$km^2$) | 井组丰度/($10^8m^3/km^2$) | 井组储量/$10^8m^3$ | 井均动储量/$10^4m^3$ | 井均泄气范围/$km^2$ | 动静储量比/% |
|---|---|---|---|---|---|---|---|---|
| 双 9-4 | 4.8 | 9 | 1.9 | 1.41 | 6.77 | 2217.6 | 0.22 | 29.46 |

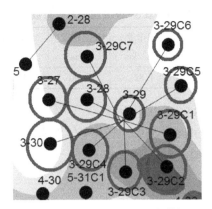

图 7-72 双 3-29 井组泄气范围

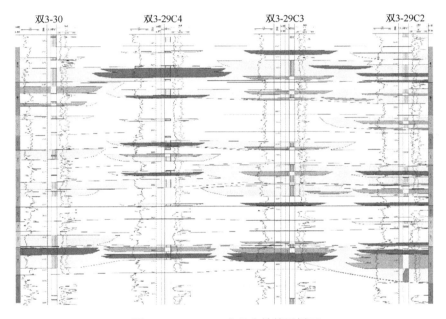

图 7-73 双 3-29 井组有效储层剖面

表 7-13 双 3-29 井组气井动态数据

| 井号 | 有效厚度/m | 动储量/$10^4 m^3$ | 泄气面积/$km^2$ | 投产时间 |
|---|---|---|---|---|
| 双 3-27 | 16.8 | 3080.9 | 0.31 | 2015 年 1 月 |
| 双 3-29 | 19.7 | 2441.7 | 0.17 | 2015 年 1 月 |
| 双 3-29C1 | 20.3 | 4887.8 | 0.42 | 2015 年 1 月 |
| 双 3-29C2 | 19.7 | 6263.5 | 0.53 | 2015 年 1 月 |
| 双 3-29C3 | 31.9 | 4394.4 | 0.22 | 2015 年 1 月 |
| 双 3-29C4 | 22.9 | 5541.9 | 0.30 | 2015 年 1 月 |
| 双 3-29C5 | 13.7 | 1760.3 | 0.20 | 2015 年 1 月 |
| 双 3-29C6 | 9.9 | 771.2 | 0.16 | 2015 年 1 月 |
| 双 3-29C7 | 17.4 | 3161.7 | 0.40 | 2015 年 1 月 |
| 双 3-30 | 13.1 | 5430.8 | 0.56 | 2015 年 1 月 |

**表 7-14 双 3-29 井组开发效果数据表**

| 丛式井组 | 面积/km² | 丛式井数/口 | 井网密度/(口/km²) | 井组丰度/(10⁸m³/km²) | 井组储量/10⁸m³ | 井均动储量/10⁴m³ | 井均泄气面积/km² | 动静储量比/% |
|---|---|---|---|---|---|---|---|---|
| 双 3-29 | 5.44 | 11 | 2.0 | 1.82 | 9.90 | 3773.4 | 0.33 | 41.92 |

（3）侧向叠置型——以双 15-13 井组为例。

储量动用程度高、动静储量比约 55%，气井泄气面积为 0.48km²，有效砂体控制程度较高（图 7-74、图 7-75 及表 7-15、表 7-16）。

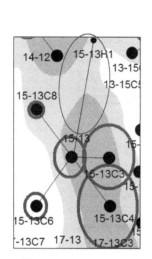

图 7-74 双 15-13 井组泄气范围

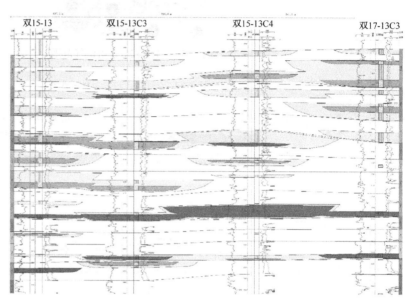

图 7-75 双 15-13 井组气藏剖面

**表 7-15 双 15-13 井组气井动态数据**

| 井号 | 有效厚度/m | 动储量/10⁴m³ | 泄气面积/km² | 投产时间 |
|---|---|---|---|---|
| 双 15-13C3 | 21.7 | 9103.2 | 0.69 | 2015 年 9 月 |
| 双 15-13C4 | 10.9 | 8326.3 | 0.84 | 2015 年 9 月 |
| 双 15-13C6 | 8.8 | 299.6 | 0.07 | 2015 年 9 月 |
| 双 15-13C8 | 17.1 | 772.4 | 0.07 | 2015 年 9 月 |
| 双 15-13H1 | 9.8 | 7474.8 | 0.75 | 2015 年 9 月 |

**表 7-16 双 15-13 井组开发效果数据**

| 丛式井组 | 面积/km² | 丛式井数/口 | 井网密度/(口/km²) | 井组丰度/(10⁸m³/km²) | 井组储量/10⁸m³ | 井均动储量/10⁴m³ | 井均泄气面积/km² | 动静储量比/% |
|---|---|---|---|---|---|---|---|---|
| 双 15-13 | 1.45 | 3 | 2.1 | 1.75 | 2.54 | 4625.0 | 0.48 | 54.68 |

## 7.2.6 井网优化立体开发技术

双 3 井区开发井网分布并不均匀，中部、北部井网相对完善，南部、东部井网相对稀疏（图 7-76）。根据开发井网部署程度，双 3 井区可划分为开发井网已部署区和未部署区两种类型，不同开发区应采用不同开发技术对策。

对于已部署区：可采用局部井点加密的方法提高储量动用程度。绘制气井泄气面积平面分布图，确定气井平均泄气面积规模，在井组内、井组间的泄气范围真空区确定合理加密井点(图7-77)。

对于未部署区：结合有效储层空间结构分类和平面分区评价，进行"差异化大井组部署"，整体提高开发井网密度。主力层系突出、连通性好的区块，气井泄气范围大、储量控制程度高，采用相对稀疏的井网即可有效控制储量；主力层较突出、连通性一般的区块，气井泄气范围中等、储量控制程度一般，可适当提高井组开发井网密度；无主力层系、多层分散的区块，气井泄气范围小、储量控制程度低，须大幅提高井组井网密度(图7-78)。

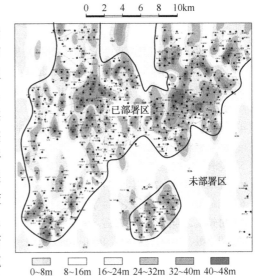

0~8m  8~16m  16~24m  24~32m  32~40m  40~48m

图7-76　神木气田双3井区开发井密分布

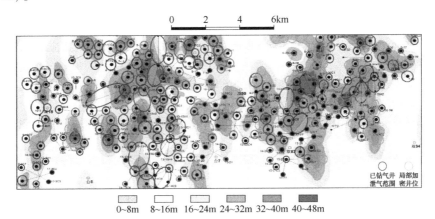

0~8m  8~16m  16~24m  24~32m  32~40m  40~48m

图7-77　神木气田双3井区已开发部署区局部井点加密提高采收率技术对策

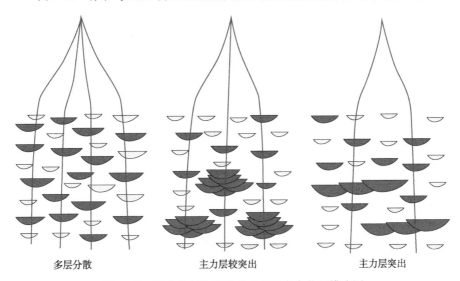

多层分散　　　　　主力层较突出　　　　　主力层突出

图7-78　双3井区提高储量动用程度大井组模式图

## 参 考 文 献

[1] 白琨琳. 新立油田Ⅳ区块扶杨油层储层建模研究[D]. 荆州：长江大学，2015.

[2] 陈元千. 油气藏工程计算方法[M]. 北京：石油工业出版社，1994.

[3] 程时清，李菊花，李相方，等. 用物质平衡-二项式产能方程计算气井动态储量[J]. 新疆石油地质，2005，4(2)：181-182.

[4] 崔勇，夏柏如，陈果，等. 储层建模过程中的网格化及其地质意义[J]. 石油学报，2012，33(5)：854-858.

[5] 党犇，赵虹，燕洲泉，等. 鄂尔多斯盆地志丹探区西南部延安组和延长组储层物性比较研究[J]. 天然气地球科学，2007，6(3)：356-359+364.

[6] 戴危艳，李少华，谯嘉翼. 储层不确定性建模研究进展[J]. 岩性油气藏，2015，27(4)：127-133.

[7] 付锁堂，邓秀芹，庞锦莲. 晚三叠世鄂尔多斯盆地湖盆沉积中心厚层砂体特征及形成机制分析[J]. 沉积学报，2010，28(6)：1081-1086.

[8] 黄延章，等. 低渗透油层渗流机理[M]. 北京：石油工业出版社，1998.

[9] 何东博，贾爱林，冀光，等. 苏里格大型致密砂岩气田开发井型井网技术[J]. 石油勘探与开发，2013，40(1)：79-89.

[10] 何东博，王丽娟，冀光，等. 苏里格致密砂岩气田开发井距优化[J]. 石油勘探与开发，2012，39(4)：458-464.

[11] 何亚宁，高远，乔玉龙，等. 几种不同求取地层压力的方法对比[J]. 石油化工应用，2010，29(12)：63-66.

[12] 何刚，尹志军，唐乐平，等. 鄂尔多斯盆地苏6加密试验区块盒$_8$段储层地质建模研究[J]. 天然气地球科学，2010，21(2)：251-256.

[13] 黄书先，张超谟. 孔隙结构非均质性对剩余油分布的影响[J]. 江汉石油学院学报，2002(4)：124-125+222.

[14] 胡向阳，熊琦华，吴胜和. 储层建模方法研究进展[J]. 石油大学学报(自然科学版)，2001，25(1)：107-112.

[15] 韩新刚，陈军斌，王东旭. 苏里格气田地质随机建模研究[J]. 西安石油大学学报(自然科学版)，2004，19(3)：10-12+16.

[16] 霍小菊，任战利，李成福，等. 定边张韩区块长2储层地质建模及其意义[J]. 西北大学学报(自然科学版)，2013，43(3)：451-454.

[17] 侯加根，唐颖，刘钰铭，等. 鄂尔多斯盆地苏里格气田东区致密储层分布模式[J]. 岩性油气藏，2014，26(3)：1-6.

[18] 金佩强，杨克远. 国外流动单元描述与划分[J]. 大庆石油地质与开发，1998，17(4)：52-54.

[19] 李海平. 气藏动态分析实例[M]. 北京：石油工业出版社，2001.

[20] 李克勤. 中国石油地质志(长庆油田部分)[M]. 北京：石油工业出版社，1992.

[21] 李士伦. 气田开发方案设计[M]. 北京：石油工业出版社，2006.

[22] 李士伦. 天然气工程[M]. 北京：石油工业出版社，2008.

[23] 李跃刚，郝玉鸿，范继武. "单点法"确定气井无阻流量的影响因素分析[J]. 海洋石油，2003，23(1)：36-41.

[24] 李毓，杨长青. 储层地质建模策略及其技术方法应用[J]. 石油天然气学报，2009，31(3)：12+30-35.

[25] 李秋实，沈田丹，杨华，等. 多层低渗透复杂油藏细分层精细开发理论及实践探讨[J]. 低渗透油气田，2011，16(1)：55-60.

[26] 吕晓光，严伟林，杨根锁，等. 储层岩石物理相划分方法及应用[J]. 大庆石油地质与开发，1997，16

（3）：21-24+78.

[27] 吕晓光，赵永胜，史晓波，等. 储层流动单元的概念及研究方法评述[J]. 世界石油工业，1998，5（6）：38-43.

[28] 陆正元，张银德，段新国，等. 油气田开发地质学[M]. 北京：地质出版社，2016.

[29] 龙章亮，董伟，曾贤薇. 储层随机建模技术研究[J]. 断块油气田，2009，16（2）：61-63.

[30] 卢涛，张吉，李跃刚，等. 苏里格气田致密砂岩气藏水平井开发技术及展望[J]. 天然气工业，2013，34（4）：660-666.

[31] 卢涛，刘艳侠，武力超，等. 鄂尔多斯盆地苏里格气田致密砂岩气藏稳产难点与对策[J]. 天然气工业，2015，35（6）：43-52.

[32] 明镜. 三维地质建模技术研究[J]. 地理与地理信息科学，2011，27（4）：14-18+56.

[33] 聂永生，田景春，魏生祥，等. 裂缝三维地质建模的难点与对策[J]. 油气地质与采收率，2013，20（2）：39-41+113.

[34] 石石，高立祥，刘莉莉，等. 苏里格气田苏6加密井区有效储层地质建模[J]. 西南石油大学学报（自然科学版），2015，37（1）：44-50.

[35] 舒治睿. 鄂尔多斯盆地镇北地区长3、长$_8^1$储层地质建模[D]. 西安：西北大学，2006.

[36] 唐毅，杨国，罗阳俊，等. 计算产水气藏地质储量和水侵量的简便方法[J]. 钻采工艺，2005，33（5）：69-71+139-140.

[37] 武力超，朱玉双，刘艳侠，等. 矿权叠置区内多层系致密气藏开发技术探讨——以鄂尔多斯盆地神木气田为例[J]. 石油勘探与开发，2015，42（6）：826-832.

[38] 王鸿勋，张琪. 采气工艺原理[M]. 北京：石油工业出版社，1989.

[39] 王鸣华，何晓东. 一种计算气井控制储量的新方法[J]. 天然气工业，1996，16（4）：50-53.

[40] 王昔彬，刘传喜，郑祥克，等. 低渗特低渗气藏剩余气分布的描述[J]. 石油与天然气地质，2003，24（4）：401-403+416.

[41] 王道富，李忠兴，等. 鄂尔多斯盆地低渗透油气田开发技术[M]. 北京：石油工业出版社，2003.

[42] 万仁溥. 采气工程手册[M]. 北京：石油工业出版社，1999.

[43] 魏嘉. 地质建模技术[J]. 勘探地球物理进展，2007，30（1）：1-6+11.

[44] 魏文杰，郭青华，习丽英，等. 确定气井地层压力的几种方法[J]. 石油化工应用，2009，28（9）：61-65.

[45] 席胜利，李文厚，刘新社，等. 鄂尔多斯盆地神木地区下二叠统太原组浅水三角洲沉积特征[J]. 古地理学报，2009，11（2）：187-194.

[46] 王国亭，何东博，王少飞，等. 苏里格致密砂岩储层岩石孔隙结构及储集性能特征[J]. 石油学报，2013，3（44）：660-666.

[47] 杨继盛. 采气工艺基础[M]. 北京：石油工业出版社，1992.

[48] 杨继盛，刘建仪. 采气实用计算[M]. 北京：石油工业出版社，1994.

[49] 杨川东. 采气工程[M]. 北京：石油工业出版社，1997.

[50] 杨俊杰. 鄂尔多斯盆地构造演化与油气分布规律[M]. 北京：石油工业出版社，2002.

[51] 杨仁超，王言龙，樊爱萍，等. 鄂尔多斯盆地苏里格气田Z30区块储层地质建模[J]. 天然气地球科学，2012，23（6）：1148-1154.

[52] 杨华，刘新社，闫小雄，等. 鄂尔多斯盆地神木气田的发现与天然气成藏地质特征[J]. 天然气工业，2015，35（6）：1-13.

[53] 杨华，付金华，魏新善. 鄂尔多斯盆地天然气成藏特征[J]. 天然气工业，2005，25（4）：5-8.

[54] 杨华，席胜利，魏新善，等. 鄂尔多斯多旋回叠合盆地演化与天然气富集[J]. 中国石油勘探，2006，1：17-24.

[55] 许文状，陈红飞，刘三军，等. 气井动储量落实及评价[J]. 石油化工应用，2009，28（7）：61-64

+68.

[56] 庄惠农. 气藏动态描述和试井[M]. 北京：石油工业出版社，2004.

[57] 张明禄. 长庆气区低渗透非均质气藏可动储量评价技术[J]. 天然气工业，2010，30(4)：50-53+
141-142.

[58] 张小平，孙祥熙，苏燕，等. 裂缝孔隙性气藏储层地质建模研究[J]. 重庆科技学院学报(自然科学
版)，2014，16(1)：60-64.

[59] 张强，吴品成，王永强，等. 榆林气田井区地质建模与数值模拟研究[J]. 石油化工应用，2010，29
(5)：66-69+73.

[60] 曾大乾，李淑贞. 中国低渗透砂岩储层类型及地质特征[J]. 石油学报，1994，15(1)：38-46.

[61] 赵勇，李义军，杨仁超，等. 苏里格气田东区山$_1$、盒$_8$段储层沉积微相与地质建模[J]. 矿物岩石，
2010，30(4)：86-94.

[62] 《中国油气田开发志》总编纂委员会编. 中国油气田开发志，卷12. 2011. 长庆油气区卷[M]. 北京：
石油工业出版社，2011.

[63] Bridge J S, Tye R S. Interpreting the dimensions of ancient fluvial channel bars, channels, and channel belts
from wireline-logs and cores[J]. AAPG bulletin, 2000, 84(8)：1205-1228.

[64] Bulling T P, Breyer J A. Exploring for subtle traps with high-resolution paleogeographic maps：Reklaw 1 in-
terval(Eocene)，South Texas[J]. AAPG Bulletin, 1989, 73(1)：24-39.

[65] Cross T A. Controls on coal distribution in transgressive-regressive cycles, Upper Cretaceous, Western Interi-
or, USA[J]. Special Publications, 1988, 42：371-380.

[66] Elvebakk G, Hunt D W, Stemmerik L. From isolated buildups to buildup mosaics：3D seismic sheds new
light on upper Carboniferous-Permian fault controlled carbonate buildups, Norwegian Barents Sea[J]. Sedi-
mentary Geology, 2002, 152(1-2)：7-17.

[67] Masaferro J L, Bulnes M, Poblet J, et al. Episodic folding inferred from syntectonic carbonate
sedimentation：the Santaren anticline, Bahamas foreland[J]. Sedimentary Geology, 2002, 146(1-2)：
11-24.

[68] Miall A D. Architectural-element analysis：A new method of facies analysis applied to fluvial deposits[J].
Earth-Science Reviews, 1985, 22(4)：261-308.

[69] Miall A D. Reconstructing the architecture and sequence stratigraphy of the preserved fluvial record as a tool for
reservoir development：A reality check[J]. AAPG Bulletin, 2006, 90(7)：989-1002.

[70] Sullivan K B. Mc bride E F1Di agenesis of sandstones at shale contacts and diagenetic heterogeneity, Frio For-
mation, Texas[J]. AA PG Bulletin, 1991, 75(1)：121-138.

[71] Zampetti V, Schlager W, van Konijnenburg J H, et al. Architecture and growth history of a Miocene carbon-
ate platform from 3D seismic reflection data；Luconia province, offshore Sarawak, Malaysia[J]. Marine and
Petroleum Geology, 2004, 21(5)：517-534.